はじめに

　本書は、「大学入学共通テスト」（以下、共通テスト）攻略のための問題集です。

　共通テストは、「思考力・判断力・表現力」が問われる出題など、これから皆さんに身につけて
もらいたい力を問う内容になると予想されます。

　本書では、共通テスト対策として作成され、多くの受験生から支持される河合塾「全統共通テス
ト模試」「全統共通テスト高２模試」を収録しました。

　解答時間を意識して問題を解きましょう。問題を解いたら、答え合わせだけで終わらないように
してください。この選択肢が正しい理由や、誤りの理由は何か。用いられた資料の意味するものは
何か。出題の意図がどこにあるか。たくさんの役立つ情報が記された解説をきちんと読むことが大
切です。

　こうした学習の積み重ねにより、真の実力が身につきます。

　皆さんの健闘を祈ります。

本書の使い方

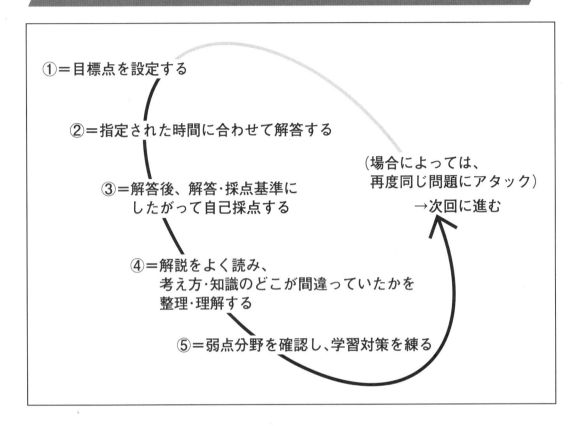

◎次に問題解法のコツを示すので、ぜひ身につけてほしい。

解法のコツ

1. 問題文をよく読んで、正答のマーク方法を十分理解してから問題にかかること。
2. すぐに解答が浮かばないときは、明らかに誤っている選択肢を消去して、正解答を追いつめていく（消去法）。正答の確信が得られなくてもこの方法でいくこと。
3. 時間がかかりそうな問題は後回しにする。必ずしも最初からやる必要はない。時間的心理的効果を考えて、できる問題や得意な問題から手をつけていくこと。
4. 時間が余ったら、制限時間いっぱい使って見直しをすること。

目　次

はじめに	1
本書の使い方	2
出題傾向と学習対策	4
出題分野一覧	7

[問題編]　──　[解答・解説編（別冊）]

第1回 ('23年度第1回全統共通テスト模試改作)	11	──	1
第2回 ('23年度第2回全統共通テスト模試改作)	27	──	21
第3回 ('23年度第3回全統共通テスト模試改作)	51	──	41
第4回 ('23年度全統共通テスト高2模試) ──	75	──	63

出題傾向と学習対策

出題傾向

2021年度から従来のセンター試験に代わって共通テストが行われている。共通テストの試行調査や，これまでの共通テストを見る限りでは，共通テストにはセンター試験ではあまり見られなかったいくつかの特徴がある。

　　・数学の日常現象への応用。

　　・会話文の読み取り。

　　・問題文で2個の方針を提示して，いずれかの方針に沿って問題を解く。

　　・間違いの発見。

　　・選択肢を選ぶ問題の増加。

等である。これらによって，問題文が従来のセンター試験よりも長くなる傾向にあるため，短時間で正確に文章を読む訓練が必要となる。また，解法を丸暗記するだけでは通用しない論理的な思考力も従来以上に要求される。

以上のことも踏まえて，センター試験の過去問もしっかり研究しよう。

以下に過去のセンター試験の特徴を記す。

過去のセンター試験の特徴として，

　　① 60分の試験時間に対して問題量が多い

　　② ほとんど全分野から偏りなく出題される

という2点が挙げられる。②の特徴のため，学習すべき範囲が多く，受験生にとって負担であり，①の特徴のため，数学を得意とする受験生でもこの科目が思わぬ落とし穴になる場合がある。また，

　　③ 出題が特定のテーマに集中しないように，出題が多様化している

という特徴も目立ってきた。過去問では扱われていないようなテーマの問題にも注意を払う必要がある。分野ごとに過去の出題傾向と今後の出題予想，注意点を見ていこう。

(1) いろいろな式

この単元は，過去の『数学Ⅱ・数学B』の試験においては単独では出題されてこなかった。今後もこの傾向は続くものと思われる。ただし，2008年度，2015年度，2021年度の試験では，指数関数・対数関数との融合問題として，「相加平均と相乗平均の大小関係」が出題されている。一通りのことを学習しておきたい。

(2) 図形と方程式

　過去においては，微分法・積分法との融合問題が多かった。2013 年度と 2014 年度，2022 年度の本試においては，第１問にこの単元単独の問題が出題されているので，この分野の学習も怠らないようにすべきである。

(3) 指数関数・対数関数

　指数・対数に関する基本的理解力を問う問題が過去の問題の主流であるが，２次関数や数と式の知識を必要とする融合問題も出題されているので要注意である。

(4) 三角関数

　加法定理，２倍角の公式，合成の公式などの種々の公式の運用力を問う典型問題が出題の中心である。$\sin \alpha = \dfrac{1}{5}$ のように明示的に書き表せないような角を用いた問題も出題されている。

(5) 微分・積分の考え

　接線，微分して増減や極値を調べる問題をはじめとして，図形と方程式の内容に絡めて面積を計算する問題などが出題されるだろう。この単元の問題は，これまで 30 点の配点であったが，今後も出題の中心となる可能性が高いので，問題演習を積み重ねてもらいたい。

(6) 数列

　等差数列・等比数列の一般項や和，Σ 記号による和の計算，階差数列，漸化式，群数列，数学的帰納法など内容が多く，計算力が必要である。見かけが少々複雑で，いくつかのテーマを融合した問題もよく出題されている。この分野は特に出題者の意図する誘導にうまく乗ることが必要となる。

(7) 統計的な推測

　平均（期待値）と分散，二項分布，正規分布，推定，仮説検定など多様なテーマのある単元であるから，それぞれの基本事項をしっかり確認しておこう。また，小数を含む計算が頻繁に出るので，計算ミスをしないように計算練習を怠らないようにしよう。

(8) ベクトル

　過去 10 年間，空間と平面の違いはあっても，内積を含むベクトルの計算が出題されてきた。空間ベクトルが出題される場合は，平面と直線の垂直条件が出題されることもある。また，空間座標の問題も出題されており，計算量が多い年もある。

　共通テスト向けの問題集を解き，苦手意識を払拭しよう。

(9) 平面上の曲線と複素数平面

　　平面上の曲線は，楕円・放物線・双曲線の定義や性質をしっかり確認しておこう。極座標や極方程式も要注意。

　　複素数平面は，極形式を用いた計算（特にド・モアブルの定理）を練習しておこう。さらに，回転・拡大といった図形的な状況を処理する訓練もしておこう。軌跡も要注意。

学習対策

(1) 分野に偏らない演習

　　『数学Ⅱ，数学B，数学C』の試験では，試験範囲のほとんど全分野から出題される。しかも，出題内容も多様化の傾向が見られるので，特定の分野やテーマに偏って（いわゆる「ヤマをかけて」）学習するのは避けるべきである。

　　教科書の章末問題を利用して，基本的な定理や公式を確認し整理した上で，分野ごとに問題を並べた問題集を利用するとよいだろう。典型問題を繰り返し解くことで，粘り強い計算力としっかりとした思考力を身につけることができるはずである。

(2) 実戦的な練習

　　70分で実質6題の問題を解かなければならない。問題の文章が長いものも多く，効率よく解かなければならない。共通テストで高得点を得るためには，分野ごとの演習に加えて共通テスト向けの問題を70分という時間の中で解答する訓練が必要である。なお，正解をマークするのにもある程度の時間はかかるので，演習の際は注意が必要である。

(3) 融合問題に慣れる

　　「出題傾向」でも述べたように，過去においては複数分野の融合問題が少なからず出題されている。数多くの問題を1つの問題に盛り込もうとした結果，このような出題形式になったとも考えられる。今後もこの傾向は続くだろう。

　　これは，分野ごとに学習を進めた場合，見落としがちな部分である。本書には様々な融合問題が含まれているので，本書の学習を終えた後に，再度融合問題だけを採り上げて研究してもよいだろう。

(4) 図形問題の練習

　　センター試験の成績を分析すると，図形的な判断力を要する設問で得点差が開いていることが多い。これは，図形と方程式やベクトルに限ったことではない。他の分野でも図形的要素を含む設問で同様の傾向が見られる。図形問題を苦手とする受験生は多いが，共通テストにおいても避けることのできない分野である。きちんと練習して対処の仕方を身につけてほしい。

出題分野一覧

	旧課程科目	'14 本試	'14 追試	'15 本試	'15 追試	'16 本試	'16 追試	'17 本試	'17 追試	'18 本試	'18 追試	'19 本試	'19 追試	'20 本試	'20 追試	'21 第1	'21 第2	'22 本試	'22 追試	'23 本試	'23 追試	'24 本試
（数学Ⅱ）いろいろな式																						
整式の割り算	Ⅱ	●			●	●	●	●		●		●	●	●	●	●	●	●		●	●	●
展開・二項定理	I/A							●		●		●										
分数式	Ⅱ									●				●								
恒等式	Ⅱ		●						●	●						●		●				●
相加・相乗など	Ⅱ				●	●		●	●	●						●						
解と係数の関係	Ⅱ	●	●	●	●	●	●	●	●			●				●				●		
剰余定理・因数定理	Ⅱ	●	●	●	●	●	●	●		●		●	●							●	●	
高次方程式	Ⅱ	●	●	●	●	●	●	●	●	●	●	●	●	●		●		●		●	●	●
（数学Ⅱ）図形と方程式																						
点・直線・距離	Ⅱ	●		●	●	●	●	●		●		●	●	●	●	●		●		●	●	●
円，円と直線	Ⅱ	●	●	●	●	●	●	●		●		●		●		●		●		●		●
放物線と直線	Ⅱ				●																	
軌跡	Ⅱ			●			●	●		●		●				●				●	●	
不等式と領域	Ⅱ							●		●						●		●	●			●
（数学Ⅱ）三角関数																						
加法定理・倍角公式	Ⅱ	●	●		●	●										●				●	●	●
三角関数の合成	Ⅱ	●	●		●															●	●	
グラフ	Ⅱ	●																		●		
融合問題	Ⅱ			●		●		●				●		●				●	●			
（数学Ⅱ）指数・対数																						
指数・対数の計算	Ⅱ	●		●		●		●		●		●				●	●	●		●	●	●
方程式・不等式	Ⅱ	●		●		●		●		●		●		●				●		●	●	
桁数	Ⅱ															●						
融合問題	Ⅱ	●		●		●		●		●		●		●			●	●	●	●	●	
（数学Ⅱ）微積分																						
極限値	Ⅱ				●																	
接線	Ⅱ	●		●		●		●		●		●		●				●				●
極値・最大最小	Ⅱ	●	●	●	●	●	●	●		●		●		●		●		●		●		●
方程式への応用	Ⅱ							●								●						
面積	Ⅱ	●	●	●		●		●		●		●		●		●		●		●		●
積分（面積を除く）	Ⅱ					●				●						●				●	●	●
（数学Ｂ）数列																						
等差数列・等比数列	B	●		●		●		●		●		●		●				●	●	●		
階差数列	B	●			●									●		●		●		●		
いろいろな和	B	●		●		●		●		●		●		●		●				●		
漸化式	B	●		●		●		●		●		●		●		●		●		●		
その他	B		●	●	●	●	●	●								●				●		
（数学Ｂ）ベクトル																						
平面ベクトル	B		●	●	●	●	●	●		●		●		●		●		●				
空間ベクトル	B	●				●		●		●		●								●	●	●
（数学Ｂ）確率分布																						
確率変数の期待値，分散	C			●	●	●	●	●	●	●	●	●	●	●	●			●	●	●	●	●
二項分布，正規分布	C			●	●	●	●	●	●	●	●	●	●	●	●			●	●	●	●	●
推定	C			●	●	●	●	●	●	●	●	●	●	●	●			●	●	●	●	●

●は「数学Ⅱ」専用問題のみで扱われた部分。

● 解答上の注意

1　解答は，解答用紙の問題番号に対応した解答欄にマークしなさい。

2　問題の文中の ア ， イウ などには，符号（−），数字（0 ～ 9）が入ります。ア，イ，ウ，…の一つ一つは，これらのいずれか一つに対応します。それらを解答用紙のア，イ，ウ，…で示された解答欄にマークして答えなさい。

　　例　 アイウ に − 87 と答えたいとき

ア	● ⓪ ① ② ③ ④ ⑤ ⑥ ⑦ ⑧ ⑨
イ	⊖ ⓪ ① ② ③ ④ ⑤ ⑥ ⑦ ● ⑨
ウ	⊖ ⓪ ① ② ③ ④ ⑤ ⑥ ● ⑧ ⑨

3　分数形で解答する場合，分数の符号は分子につけ，分母につけてはいけません。

　　例えば， $\dfrac{エオ}{カ}$ に $-\dfrac{4}{5}$ と答えたいときは， $\dfrac{-4}{5}$ として答えなさい。

　　また，それ以上約分できない形で答えなさい。

　　例えば， $\dfrac{3}{4}$ と答えるところを， $\dfrac{6}{8}$ のように答えてはいけません。

4　小数の形で解答する場合，指定された桁数の一つ下の桁を四捨五入して答えなさい。また，必要に応じて，指定された桁まで⓪にマークしなさい。

　　例えば， キ ． クケ に 2.5 と答えたいときは，2.50 として答えなさい。

5　根号を含む形で解答する場合，根号の中に現れる自然数が最小となる形で答えなさい。

　　例えば， $4\sqrt{2}$ ， $\dfrac{\sqrt{13}}{2}$ と答えるところを， $2\sqrt{8}$ ， $\dfrac{\sqrt{52}}{4}$ のように答えてはいけません。

6　問題の文中の二重四角で表記された コ などには，選択肢から一つを選んで，答えなさい。

7　同一の問題文中に サシ ， ス などが 2 度以上現れる場合，原則として，2 度目以降は， サシ ， ス のように細字で表記します。

— 8 —

数学Ⅱ，数学Ｂ，数学Ｃ

問　題	選　択　方　法
第1問	必　　　答
第2問	必　　　答
第3問	必　　　答
第4問	いずれか3問を選択し，解答しなさい。
第5問	
第6問	
第7問	

第 1 回

（70分/100点）

◆ 問題を解いたら必ず自己採点により学力チェックを行い，解答・解説，学習対策を参考にしてください。

配点と標準解答時間

	設問	配点	標準解答時間
必答	第1問 三角関数	15点	10 分
	第2問 指数関数・対数関数	15点	10 分
	第3問 微分法・積分法	22点	14 分
3問選択	第4問 数 列	16点	12 分
	第5問 統計的な推測	16点	12 分
	第6問 ベクトル	16点	12 分
	第7問 平面上の曲線と複素数平面	16点	12 分

（注）この科目には，選択問題があります。）

第1問 （必答問題） （配点　15）

(1)　$\cos\dfrac{\pi}{3} = \boxed{\ ア\ }$，$\sin\dfrac{\pi}{3} = \boxed{\ イ\ }$ であるから，三角関数の加法定理により

$$\cos\left(\theta + \dfrac{\pi}{3}\right) = \boxed{\ ウ\ }\cos\theta - \boxed{\ エ\ }\sin\theta$$

である。

$\boxed{\ ア\ } \sim \boxed{\ エ\ }$ の解答群（同じものを繰り返し選んでもよい。）

⓪　$\dfrac{1}{2}$	①　$\dfrac{\sqrt{2}}{2}$	②　$\dfrac{\sqrt{3}}{2}$
③　$-\dfrac{1}{2}$	④　$-\dfrac{\sqrt{2}}{2}$	⑤　$-\dfrac{\sqrt{3}}{2}$

(2)　三角関数の合成により

$$\sin\theta + \sqrt{3}\cos\theta = \boxed{\ オ\ }\sin\left(\theta + \dfrac{\pi}{\boxed{\ カ\ }}\right)$$

である。

(3)　O を原点とする座標平面上に点 $\mathrm{P}(\cos\theta - \sqrt{3}\sin\theta,\ \sin\theta + \sqrt{3}\cos\theta)$ をとる。

(1) と (2) より

$$\mathrm{P}\left(\boxed{\ キ\ }\cos\left(\theta + \dfrac{\pi}{\boxed{\ ク\ }}\right),\ \boxed{\ オ\ }\sin\left(\theta + \dfrac{\pi}{\boxed{\ カ\ }}\right)\right)$$

と表せるから，θ が $0 \leqq \theta \leqq \dfrac{\pi}{2}$ の範囲を動くとき，点 P の描く図形 K は $\boxed{\ ケ\ }$

の実線部分である。

（数学Ⅱ，数学B，数学C 第1問は次ページに続く。）

ケ については，最も適当なものを，次の ⓪〜③ のうちから一つ選べ。

⓪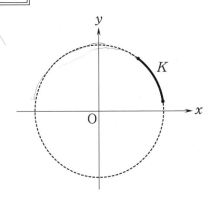

①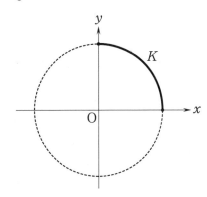

②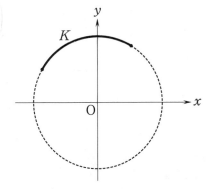

③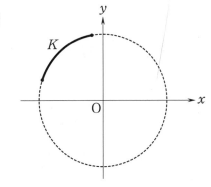

また，K と 2 直線 $x = \boxed{キ} \cos \dfrac{\pi}{\boxed{ク}}$, $x = \boxed{キ} \cos\left(\dfrac{\pi}{2} + \dfrac{\pi}{\boxed{ク}}\right)$

および x 軸で囲まれた図形の面積は $\boxed{コ}$ である。

$\boxed{コ}$ の解答群

⓪ $\dfrac{\pi}{4} + \dfrac{\sqrt{2}}{4}$	① $\dfrac{\pi}{4} + \dfrac{\sqrt{3}}{4}$	② $\dfrac{\pi}{4} + \dfrac{1}{2}$
③ $\pi + \sqrt{2}$	④ $\pi + \sqrt{3}$	⑤ $\pi + 2$

第2問 (必答問題) (配点 15)

(1) 次の**問題**について考えよう。

問題 $a = \dfrac{7}{3}$, $b = \log_2 6$, $c = \sqrt{5}$ とする。a, b, c の大小関係を調べよ。

$$a - b = \frac{1}{3}\left(\log_2 2^{\boxed{\text{ア}}} - \log_2 6^{\boxed{\text{イ}}}\right)$$

なので，$2^{\boxed{\text{ア}}}$ と $6^{\boxed{\text{イ}}}$ の大小を比較することにより $a\ \boxed{\ \text{ウ}\ }\ b$ が成り立つ。

$\boxed{\text{ウ}}$ の解答群

⓪ $<$	① $=$	② $>$

また，a, b, c の大小関係について $\boxed{\ \text{エ}\ }$ が成り立つ。

$\boxed{\text{エ}}$ の解答群

⓪ $a < b < c$	① $a < c < b$	② $b < a < c$
③ $b < c < a$	④ $c < a < b$	⑤ $c < b < a$

(数学Ⅱ，数学B，数学C 第2問は次ページに続く。)

— 14 —

第 1 回

(2) 2^n が 12 桁の整数であるような自然数 n の最小値を求めよう。

$$10^{\boxed{オカ}-1} \leqq 2^n < 10^{\boxed{オカ}}$$

なので，各辺の 10 を底とする対数をとると

$$\boxed{オカ} - 1 \leqq n \log_{10} \boxed{キ} < \boxed{オカ}$$

である。ここで $\log_{10} 2 = 0.3010$ であるとすると，求める自然数 n の最小値は $\boxed{クケ}$ である。

$2^{\boxed{クケ}}$ の一の位の数は $\boxed{コ}$ であり，$2^{\boxed{クケ}} + 7$ は $\boxed{サシ}$ 桁の整数である。

— 15 —

第3問 （必答問題）（配点 22）

[1] 3次関数 $f(x) = x^3 - 3x^2 - 6$ を考える。座標平面上の曲線 $y = f(x)$ を C とする。

$f'(x) = \boxed{\text{ア}}\,x^2 - \boxed{\text{イ}}\,x$ であるから，$f(x)$ は $x = \boxed{\text{ウ}}$ で極大値をとり，$x = \boxed{\text{エ}}$ で極小値をとる。

C 上の点 $(-1, f(-1))$ における C の接線を ℓ とすると ℓ の方程式は

$$y = \boxed{\text{オ}}\,x - \boxed{\text{カ}}$$

である。$g(x) = \boxed{\text{オ}}\,x - \boxed{\text{カ}}$ とおく。

太郎さんと花子さんが C と ℓ の共有点の x 座標を求めることについて話している。

太郎：方程式 $f(x) = g(x)$ の実数解を求めればいいんだね。

花子：C と ℓ は点 $(-1, f(-1))$ で接しているから，方程式 $f(x) = g(x)$ が $x = -1$ を重解にもつことから考えるといいね。

C と ℓ の共有点の x 座標は -1 と $\boxed{\text{キ}}$ である。

t を $-1 < t < \boxed{\text{キ}}$ を満たす実数とする。

直線 $x = t$ と曲線 C の交点を P，直線 $x = t$ と直線 ℓ の交点を Q とする。線分 PQ の長さを $L(t)$ とすると，$L(t) = \boxed{\text{ク}}$ が成り立つ。

t が $-1 < t < \boxed{\text{キ}}$ の範囲を動くとき，$L(t)$ の最大値は $\boxed{\text{ケコ}}$ である。

$\boxed{\text{ク}}$ の解答群

$$\text{⓪}\quad f(t) + g(t) \qquad \text{①}\quad f(t) - g(t) \qquad \text{②}\quad g(t) - f(t) \qquad \text{③}\quad f(t)g(t)$$

（数学Ⅱ，数学B，数学C 第3問は次ページに続く。）

〔2〕 正の実数 k に対して $h(x) = -kx^2 + k$ とし，座標平面上の曲線 $y = h(x)$ を D とする。

曲線 D と x 軸の交点のうち，x 座標が正である方を A，負である方を B とすると，点 A の x 座標は $\boxed{\text{サ}}$ である。

点 $\left(0, -\dfrac{1}{k}\right)$ を E とし，線分 AE と線分 BE および曲線 D で囲まれた図形の面積を S とする。

曲線 D と x 軸で囲まれた図形の面積は $\dfrac{\boxed{\text{シ}}}{\boxed{\text{ス}}} k$ であるから

$$S = \frac{\boxed{\text{シ}}}{\boxed{\text{ス}}} k + \frac{\boxed{\text{セ}}}{k}$$

である。したがって，相加平均と相乗平均の関係から，k が $k > 0$ の範囲を動くとき，S は $k = \sqrt{\dfrac{\boxed{\text{ソ}}}{\boxed{\text{タ}}}}$ で最小値 $\dfrac{\boxed{\text{チ}} \sqrt{\boxed{\text{ツ}}}}{\boxed{\text{テ}}}$ をとることがわかる。

第4問～第7問は，いずれか3問を選択し，解答しなさい。

第4問 （選択問題）（配点 16）

数列 $\{a_n\}$ は初項 a_1 が 1，公差が d の等差数列であり，$a_4 = 10$ を満たすとする。

$a_4 = 1 + \boxed{\text{ア}}\, d$ であるから，$d = \boxed{\text{イ}}$ である。

よって，数列 $\{a_n\}$ の一般項は

$$a_n = \boxed{\text{イ}}\, n - \boxed{\text{ウ}}$$

である。

数列 $\{b_n\}$ の一般項は $b_n = 2^{n-1}$ であるとする。

数列 $\{a_n\}$ を，次のように群に分ける。

$$a_1 \;\Big|\; a_2,\ a_3 \;\Big|\; a_4,\ a_5,\ a_6,\ a_7 \;\Big|\; \cdots$$

第1群　第2群　　　第3群

ここで，第 k 群は b_k 個の項からなるものとし，第 k 群に含まれる項の総和を T_k で表す。

(1) 第4群の最後の項は，数列 $\{a_n\}$ の第 $\boxed{\text{エオ}}$ 項であり，$a_{\boxed{\text{エオ}}} = \boxed{\text{カキ}}$ である。

(2) $a_m = 55$ を満たす m は $\boxed{\text{クケ}}$ であり，$a_{\boxed{\text{クケ}}}$ は第 $\boxed{\text{コ}}$ 群に含まれる。

第 $\boxed{\text{コ}}$ 群の最初の項は $a_{\boxed{\text{サシ}}}$ であり，第 $\boxed{\text{コ}}$ 群に含まれる項の総和 $T_{\boxed{\text{コ}}}$ は $\boxed{\text{スセソタ}}$ である。

（数学Ⅱ，数学B，数学C 第4問は次ページに続く。）

第1回

(3) 花子さんと太郎さんは T_k を k の式で表すことについて話している。

> 花子：第 k 群に含まれる項の個数は b_k だね。
>
> 太郎：あとは，第 k 群の最初の項と最後の項を調べるといいね。

第 k 群に含まれる項の総和 T_k は

$$T_k = 2^{\boxed{チ}}\left(\boxed{\text{ッ}} \cdot 2^{\boxed{テ}} - \boxed{\text{ト}}\right) \qquad ,$$

である。

$\boxed{\text{チ}}$ ，$\boxed{\text{テ}}$ の解答群(同じものを繰り返し選んでもよい。)

⓪ $k-2$	① $k-1$	② k	③ $k+1$	④ $k+2$

— 19 —

第4問～第7問は，いずれか3問を選択し，解答しなさい。

第5問 （選択問題）（配点 16）

　袋の中に赤球2個と白球4個が入っている。この袋から，3個の球を同時に取り出し，それらの球の色を確認して袋に戻すという試行をTとする。Tを1回行ったとき，取り出した3個の球のうち赤球の個数を Y とする。

(1)　$P(Y=0) = \dfrac{\boxed{ア}}{\boxed{イ}}$，$P(Y=1) = \dfrac{\boxed{ウ}}{\boxed{エ}}$

　　であり，確率変数 Y の平均(期待値)は $\boxed{オ}$，Y の分散は $\dfrac{\boxed{カ}}{\boxed{キ}}$ である。

（数学Ⅱ，数学B，数学C 第5問は次ページに続く。）

－ 20 －

第 1 回

⑵ T を 1 回行うごとに，$Y=0$ であれば 3 点を獲得し，$Y \neq 0$ であれば 1 点を獲得するとする。

　　T を繰り返し 50 回行ったとき，得点の合計を Z とする。このとき，50 回のうち $Y=0$ となった回数を W とする。

　　確率変数 W は $\boxed{\text{ク}}$ に従うので，W の平均は $\boxed{\text{ケコ}}$，W の分散は $\boxed{\text{サ}}$ である。

　　$Z=\boxed{\text{シ}}\,W+\boxed{\text{スセ}}$ であるから，確率変数 Z の平均は $\boxed{\text{ソタ}}$，Z の標準偏差は $\boxed{\text{チ}}\sqrt{\boxed{\text{ツ}}}$ である。

　　$\boxed{\text{ク}}$ については，最も適当なものを，次の ⓪ ~ ⑤ のうちから一つ選べ。

⓪　正規分布 $N(0,\ 1)$		①　二項分布 $B(0,\ 1)$
②　正規分布 $N\left(50,\ \dfrac{1}{5}\right)$		③　二項分布 $B\left(50,\ \dfrac{1}{5}\right)$
④　正規分布 $N(10,\ 8)$		⑤　二項分布 $B(10,\ 8)$

— 21 —

第4問～第7問は，いずれか3問を選択し，解答しなさい。

第6問 （選択問題） （配点　16）

平面上に三角形OABがある。辺OAを3:1に内分する点をC，辺ABの中点をM，線分OMの中点をNとする。

$$\overrightarrow{\text{OM}} = \frac{\boxed{\text{ア}}}{\boxed{\text{イ}}}(\overrightarrow{\text{OA}} + \overrightarrow{\text{OB}})$$

であり

$$\overrightarrow{\text{ON}} = \frac{\boxed{\text{ウ}}}{\boxed{\text{エ}}}\overrightarrow{\text{OM}}$$

$$= \frac{\boxed{\text{オ}}}{\boxed{\text{カ}}}\overrightarrow{\text{OA}} + \frac{\boxed{\text{キ}}}{\boxed{\text{ク}}}\overrightarrow{\text{OB}}$$

である。

（数学Ⅱ，数学B，数学C 第6問は次ページに続く。）

第 1 回

点 P が直線 CN 上にあるとする。実数 k を用いて

$$\overrightarrow{\mathrm{CP}} = k\,\overrightarrow{\mathrm{CN}}$$

と表すことができるから

$$\overrightarrow{\mathrm{OP}} = \left(\frac{\boxed{\text{ケ}}}{\boxed{\text{コ}}} - \frac{k}{\boxed{\text{サ}}} \right)\overrightarrow{\mathrm{OA}} + \frac{k}{\boxed{\text{シ}}}\,\overrightarrow{\mathrm{OB}}$$

となる。

さらに，P は直線 OB 上の点でもあるとすると，$k = \dfrac{\boxed{\text{ス}}}{\boxed{\text{セ}}}$ であり，

$$\overrightarrow{\mathrm{OP}} = \frac{\boxed{\text{ソ}}}{\boxed{\text{タ}}}\,\overrightarrow{\mathrm{OB}} \quad \text{である。}$$

直線 CN と直線 AB の交点を Q とする。$\overrightarrow{\mathrm{OQ}}$ を $\overrightarrow{\mathrm{OA}}$ と $\overrightarrow{\mathrm{OB}}$ を用いて表すと

$$\overrightarrow{\mathrm{OQ}} = \frac{\boxed{\text{チ}}}{\boxed{\text{ツ}}}\left(\boxed{\text{テ}}\,\overrightarrow{\mathrm{OA}} - \overrightarrow{\mathrm{OB}} \right)$$

である。

$\mathrm{OA} = 2$，$\mathrm{OB} = 3$，$\cos \angle \mathrm{AOB} = \dfrac{1}{3}$ とする。$\overrightarrow{\mathrm{OP}} = \dfrac{\boxed{\text{ソ}}}{\boxed{\text{タ}}}\,\overrightarrow{\mathrm{OB}}$，

$\overrightarrow{\mathrm{OQ}} = \dfrac{\boxed{\text{チ}}}{\boxed{\text{ツ}}}\left(\boxed{\text{テ}}\,\overrightarrow{\mathrm{OA}} - \overrightarrow{\mathrm{OB}} \right)$ とすると線分 PQ の長さは $\dfrac{\boxed{\text{ト}}\sqrt{\boxed{\text{ナニ}}}}{\boxed{\text{ヌ}}}$ である。

— 23 —

第4問～第7問は，いずれか3問を選択し，解答しなさい。

第7問 （選択問題） （配点 16）

複素数平面で，方程式
$$z\bar{z} - 4z - 4\bar{z} + 12 = 0$$
で与えられる曲線を C とする。この方程式は
$$(z-4)(\bar{z}-4) = \boxed{\text{ア}}$$
と変形できるので，C は点 $\boxed{\text{イ}}$ を中心とする半径 $\boxed{\text{ウ}}$ の円である。

C 上の点 z について，$|z|$ のとり得る値の範囲は
$$\boxed{\text{エ}} \leq |z| \leq \boxed{\text{オ}}$$
である。また，z の偏角を $\arg z$ $(-\pi < \arg z \leq \pi)$ とすると，$\arg z$ のとり得る値の範囲は
$$\frac{\boxed{\text{カキ}}}{\boxed{\text{ク}}}\pi \leq \arg z \leq \frac{\boxed{\text{ケ}}}{\boxed{\text{コ}}}\pi$$
である。

（数学Ⅱ，数学B，数学C 第7問は次ページに続く。）

(1) 複素数 v は，$v = (1+i)z$ を満たしている。点 z が C 上を動くとき，v の偏角 $\arg v$（$-\pi < \arg v \leqq \pi$）のとり得る値の範囲は

$$\frac{\boxed{\text{サ}}}{\boxed{\text{シス}}}\pi \leqq \arg v \leqq \frac{\boxed{\text{セ}}}{\boxed{\text{ソタ}}}\pi$$

である。

(2) 複素数 w は，$w = (1+i)^n z$ を満たしている。ただし，n は $1 \leqq n \leqq 100$ を満たす整数である。点 z が C 上を動くとき，点 w が描く図形を D_n とする。D_n 上のすべての点の虚部が正となるような n は全部で $\boxed{\text{チツ}}$ 個ある。

— 25 —

第 2 回

（70分/100点）

◆　問題を解いたら必ず自己採点により学力チェックを行い，解答・解説，学習対策を参考にしてください。

配点と標準解答時間

	設　問	配点	標準解答時間
必答	第1問　図形と方程式	15点	10　分
	第2問　指数関数・対数関数	15点	10　分
	第3問　微分法・積分法	22点	14　分
3問選択	第4問　数　列	16点	12　分
	第5問　統計的な推測	16点	12　分
	第6問　ベクトル	16点	12　分
	第7問　平面上の曲線と複素数平面	16点	12　分

(注) この科目には，選択問題があります。

第1問 (必答問題) (配点 15)

座標平面上に，原点を通る傾きが $\sqrt{3}$ の直線 ℓ と，点 $(2, 0)$ を通る傾きが $-\dfrac{1}{\sqrt{2}}$ の直線 m がある。ℓ，m および x 軸の3本の直線で作られる三角形の，内接円の中心 I の座標を (p, q) とする。p と q の値を求めよう。

直線 ℓ の方程式は

$$\sqrt{\boxed{\text{ア}}}\, x - y = 0$$

であり，直線 m の方程式は

$$x + \sqrt{\boxed{\text{イ}}}\, y - \boxed{\text{ウ}} = 0$$

である。

点 I と x 軸の距離を d_1 とする。点 I は x 軸の上側にあるから，$q \boxed{\text{エ}} 0$ であり，d_1 を q を用いて表すことができる。また，点 I と直線 ℓ の距離を d_2，点 I と直線 m の距離を d_3 とすると

$$d_2 = \dfrac{\left| \sqrt{\boxed{\text{ア}}}\, p - q \right|}{\boxed{\text{オ}}}, \quad d_3 = \dfrac{\left| p + \sqrt{\boxed{\text{イ}}}\, q - \boxed{\text{ウ}} \right|}{\sqrt{\boxed{\text{カ}}}}$$

である。

(数学II，数学B，数学C 第1問は次ページに続く。)

点Iは直線 ℓ の下側にあるから

$$\sqrt{\boxed{\text{ア}}}\,p - q \boxed{\text{キ}} 0$$

であり，$d_1 = d_2$ より

$$p = \sqrt{\boxed{\text{ク}}}\,q \qquad\qquad\cdots\cdots\cdots\cdots\cdots\cdots ①$$

が成り立つ。同様に，点Iは直線 m の下側にあるから

$$p + \sqrt{\boxed{\text{イ}}}\,q - \boxed{\text{ウ}} \boxed{\text{ケ}} 0$$

である。したがって，$d_1 = d_3$ と ① より

$$p = \frac{\boxed{\text{コ}} - \sqrt{\boxed{\text{サ}}}}{\boxed{\text{シ}}}, \qquad q = \frac{\boxed{\text{ス}}\sqrt{\boxed{\text{セ}}} - \sqrt{\boxed{\text{ソ}}}}{\boxed{\text{タ}}}$$

である。

$\boxed{\text{エ}}$ ，$\boxed{\text{キ}}$ ，$\boxed{\text{ケ}}$ の解答群(同じものを繰り返し選んでもよい。)

⓪ $<$	① $=$	② $>$

— 29 —

第2問 (必答問題) (配点 15)

座標平面上で、次の三つの関数のグラフについて考える。

$$f(x) = 4^x$$
$$g(x) = 2^{-2x+1} + 1$$
$$h(x) = f(x) + g(x)$$

(1) $y = f(x)$ のグラフは2点 $\left(0, \boxed{}\right)$, $\left(1, \boxed{}\right)$ を通る。また、$y = f(x)$ のグラフは $\boxed{}$ のグラフを直線 $y = x$ に関して対称移動したものである。

$\boxed{}$ の解答群

⓪ $y = \dfrac{1}{2}\log_2 x$ ① $y = \log_2 x$

② $y = 2\log_2 x$ ③ $y = \log_2 x + 1$

(2) $g(x)$ は $g(x) = \boxed{} \cdot \boxed{}^{-x} + 1$ と変形できる。

$y = f(x)$ のグラフと $y = g(x)$ のグラフの概形は $\boxed{}$ である。ただし、$y = f(x)$ のグラフを点線で、$y = g(x)$ のグラフを太い実線でそれぞれ表す。また、$y = f(x)$ のグラフと $y = g(x)$ のグラフの共有点の x 座標は $\dfrac{\boxed{}}{\boxed{}}$ である。

(数学Ⅱ、数学B、数学C 第2問は次ページに続く。)

カ については，最も適当なものを，次の⓪〜⑤のうちから一つ選べ。

⓪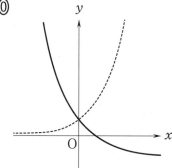

①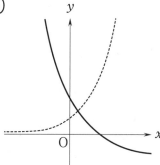

②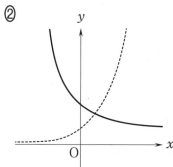

③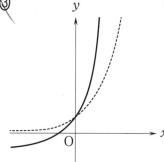

④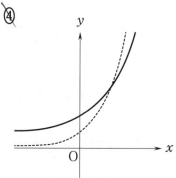

⑤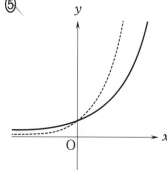

（数学Ⅱ，数学B，数学C 第2問は次ページに続く。）

(3) 太郎さんと花子さんは，$y = h(x)$ のグラフについて話している。

太郎：今の私たちの知識では $y = h(x)$ のグラフを正確にかくことができないね。

花子：グラフ表示ソフトを使って表示させてみよう。

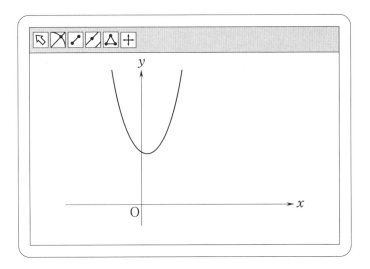

太郎：座標平面上に表示されたグラフを見ると，関数 $h(x)$ に最小値が存在しそうだね。

花子：そうだね。相加平均と相乗平均の関係を利用すると，その最小値がわかると思うよ。

（数学Ⅱ，数学B，数学C 第 2 問は次ページに続く。）

$$h(x) = f(x) + g(x)$$
$$= 4^x + \boxed{エ} \cdot \boxed{オ}^{-x} + 1$$

であり，相加平均と相乗平均の関係により，$h(x)$ は $x = \dfrac{\boxed{ケ}}{\boxed{コ}}$ で最小値 $\boxed{サ}\sqrt{\boxed{シ}} + \boxed{ス}$ をとることがわかる。

第3問 (必答問題) (配点 22)

[1] $f(x) = x^3 - 3x + 2$ とし，曲線 $y = f(x)$ を C とする。

(1) $f'(x) = \boxed{ア}x^2 - \boxed{イ}$ であるから，C の概形は $\boxed{ウ}$ である。

$\boxed{ウ}$ については，最も適当なものを，次の⓪～⑤のうちから一つ選べ。

⓪ ① ②

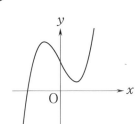 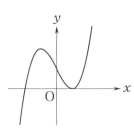 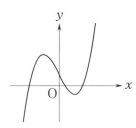

③ ④ ⑤

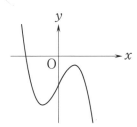 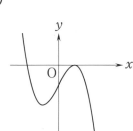 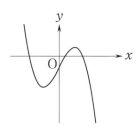

(2) k を定数とする。曲線 C の接線のうち，点 $(2, k)$ を通るものについて考えよう。点 $(t, f(t))$ における C の接線の方程式は

$$y = (\boxed{ア}t^2 - \boxed{イ})x - \boxed{エ}t^3 + 2$$

であり，この接線の傾きが負である条件は

$$-\boxed{オ} < t < \boxed{カ} \quad \cdots\cdots\cdots\cdots ①$$

である。また，この接線が点 $(2, k)$ を通る条件は

$$\boxed{キク}t^3 + \boxed{ケ}t^2 - \boxed{コ} = k \quad \cdots\cdots\cdots\cdots (*)$$

である。

(数学Ⅱ，数学B，数学C 第3問は次ページに続く。)

第2回

(i) $k = -4$ のとき，t の方程式 (*) の実数解のうち最大のものは $\boxed{\text{サ}}$ であり，点 $\left(\boxed{\text{サ}}, f\left(\boxed{\text{サ}} \right) \right)$ における C の接線の傾きは $\boxed{\text{シ}}$ である。

$\boxed{\text{シ}}$ の解答群

⓪ 0	① 負	② 正

(ii) 点 $(2, k)$ を通る C の接線が 3 本あり，そのうち傾きが負であるものがちょうど 2 本となる条件は，「t の方程式 (*) が異なる $\boxed{\text{ス}}$ 個の実数解をもち，そのうちのちょうど $\boxed{\text{セ}}$ 個が ① の範囲にあること」である。

したがって，点 $(2, k)$ を通る C の接線が 3 本あり，そのうち傾きが負であるものがちょうど 2 本となるような k の値の範囲は

$$\boxed{\text{ソタ}} < k < \boxed{\text{チ}}$$

である。

（数学Ⅱ，数学B，数学C 第 3 問は次ページに続く。）

[2] a を $0 < a < 2$ を満たす実数として，$h(x) = x^2 - ax$ とし，放物線 $y = h(x)$ を D とする。関数 $h(x)$ の不定積分は

$$\int h(x)\,dx = \int (x^2 - ax)\,dx$$

$$= \frac{\boxed{\text{ツ}}}{\boxed{\text{テ}}} x^3 - \frac{a}{\boxed{\text{ト}}} x^2 + C_0$$

である。ただし，C_0 は積分定数である。

（**数学Ⅱ，数学B，数学C 第3問は次ページに続く。**）

放物線 D の $0 \leqq x \leqq 2$ の部分と x 軸および直線 $x=2$ で囲まれた二つの部分の面積の和を $S(a)$ とする。

$$S(a) = \frac{\boxed{ナ}}{\boxed{ニ}}a^3 - \boxed{ヌ}a + \frac{\boxed{ネ}}{\boxed{ノ}}$$

である。

a が $0 < a < 2$ の範囲を変化するとき，$S(a)$ は $a = \sqrt{\boxed{ハ}}$ のとき最小値 $\dfrac{\boxed{ヒ} - \boxed{フ}\sqrt{\boxed{ヘ}}}{\boxed{ホ}}$ をとる。

第4問～第7問は，いずれか3問を選択し，解答しなさい。

第4問 （選択問題）（配点 16）

[1] 等差数列 $\{a_n\}$ は，$a_2 = 5$，$a_5 = 14$ を満たしている。

初項 a_1 は ア であり，公差は イ であるから，数列 $\{a_n\}$ の一般項は

$$a_n = \boxed{ウ} n - \boxed{エ}$$

である。

すると

$$\frac{1}{a_n a_{n+1}} = \frac{1}{\boxed{オ}}\left(\frac{1}{a_n} - \frac{1}{a_{n+1}}\right) \quad (n = 1, 2, 3, \cdots)$$

が成り立つから

$$\sum_{k=1}^{n} \frac{1}{a_k a_{k+1}} = \frac{n}{\boxed{カ} n + \boxed{キ}} \quad (n = 1, 2, 3, \cdots)$$

である。

（数学Ⅱ，数学B，数学C 第4問は次ページに続く。）

〔2〕 ある生物の個体数の変化を調べるのに，次のように定められる数列 $\{x_n\}$ を用いることがある。

a は正の定数とする。数列 $\{x_n\}$ は

$$0 < x_1 < 1, \quad x_{n+1} = ax_n(1 - x_n) \quad (n = 1, 2, 3, \cdots)$$

を満たす。このとき x_n は，第 n 世代におけるその生物の個体数を，その生息環境で生息可能な個体数の最大値で割った値である。a の値を変えると，x_n の変化の仕方も変わるが，以下では，$a = 2$ のときの

$$x_{n+1} = 2x_n(1 - x_n) \quad (n = 1, 2, 3, \cdots)$$

が成り立っている場合について調べてみよう。

$x_1 = \dfrac{1}{4}$ とする。

（**数学Ⅱ，数学B，数学C 第4問は次ページに続く。**）

(1) すべての自然数 n に対して

$$0 < x_n < \frac{1}{2} \qquad\qquad\qquad \cdots\cdots\cdots\cdots\cdots\cdots ①$$

が成り立つことを示す。

[Ⅰ] $n = 1$ のとき，$x_1 = \dfrac{1}{4}$ であることから ① は成り立つ。

[Ⅱ] $n = k$ のとき，① が成り立つ，すなわち

$$0 < x_k < \frac{1}{2} \qquad\qquad\qquad \cdots\cdots\cdots\cdots\cdots\cdots ②$$

と仮定する。このとき，② より

$$x_{k+1} = 2x_k(1 - x_k) > 0$$

と

$$\frac{1}{2} - x_{k+1} = \boxed{\text{ク}}\left(x_k - \frac{\boxed{\text{ケ}}}{\boxed{\text{コ}}}\right)^2 > 0$$

が成り立つ。よって，① は $n = k+1$ のときにも成り立つ。

[Ⅰ]，[Ⅱ] より，すべての自然数 n に対して ① が成り立つことが証明された。

以上のような証明の方法を $\boxed{\text{サ}}$ という。

$\boxed{\text{サ}}$ の解答群

⓪ 背理法	① 数学的帰納法	② 組立除法	③ 弧度法

（数学Ⅱ，数学Ｂ，数学Ｃ 第4問は次ページに続く。）

(2) 太郎さんと花子さんが数列 $\{x_n\}$ の一般項の求め方について話している。

> 太郎：$x_{n+1} = 2x_n(1 - x_n)$ を変形しよう。
>
> 花子：(1) での ① の証明における計算を参考にするとよさそうだね。

$y_n = \dfrac{\boxed{ケ}}{\boxed{コ}} - x_n$ とおくと

$\qquad y_{n+1} = \boxed{シ}\, y_n^{\boxed{ス}}$　$(n = 1,\ 2,\ 3,\ \cdots)$

が成り立ち、さらに、$z_n = \log_2 y_n$ とおくと

$\qquad z_{n+1} = \boxed{セ}\, z_n + \boxed{ソ}$　$(n = 1,\ 2,\ 3,\ \cdots)$

が成り立つ。よって、数列 $\{z_n\}$ の一般項は

$\qquad z_n = -\boxed{タ}^{\,n-1} - \boxed{チ}$

である。これより、数列 $\{x_n\}$ の一般項が求まる。

(3) $x_n \geqq 0.499$ を満たす最小の自然数 n は $\boxed{ツ}$ である。

— 41 —

第4問～第7問は，いずれか3問を選択し，解答しなさい。

第5問 （選択問題）（配点 16）

　以下の問題を解答するにあたっては，必要に応じて45ページの正規分布表を用いて
もよい。

　太郎さんが働いているショッピングセンターで，来場者に景品をプレゼントするイ
ベントを行うことにした。
　箱A，箱Bのいずれにも

　　　　　0と書かれたカードが1枚，

　　　　　1と書かれたカードが3枚，

　　　　　2と書かれたカードが2枚

の合計6枚のカードが入っている。

　来場者は1人につき，箱A，箱Bのそれぞれから1枚ずつカードを取り出し，「箱
Aから取り出されたカードに書かれた数」と「箱Bから取り出されたカードに書かれた
数の3倍」を合計した数と同じ個数だけ景品をもらう。その後，取り出したカードは
それぞれもとの箱に戻す。

（数学Ⅱ，数学B，数学C 第5問は次ページに続く。）

第2回

　箱Aから1枚のカードを無作為に取り出すとき，カードに書かれた数を表す確率変数を X_1 とする。

　$X_1=1$ である確率 $P(X_1=1)$ は $\dfrac{\boxed{\text{ア}}}{\boxed{\text{イ}}}$ であり，X_1 の平均（期待値）$E(X_1)$ は

$\dfrac{\boxed{\text{ウ}}}{\boxed{\text{エ}}}$，分散 $V(X_1)$ は $\dfrac{\boxed{\text{オカ}}}{\boxed{\text{キク}}}$ である。

　さらに，箱Bから1枚のカードを無作為に取り出すとき，カードに書かれた数を表す確率変数を X_2 とする。

　X_2 の平均 $E(X_2)$ は $\dfrac{\boxed{\text{ウ}}}{\boxed{\text{エ}}}$，分散 $V(X_2)$ は $\dfrac{\boxed{\text{オカ}}}{\boxed{\text{キク}}}$ である。

　1人の来場者がもらう景品の個数を表す確率変数を X とすると，$X=X_1+3X_2$ であるから，X の平均 $E(X)$ は $\dfrac{\boxed{\text{ケコ}}}{\boxed{\text{サ}}}$，分散 $V(X)$ は $\dfrac{\boxed{\text{シス}}}{\boxed{\text{セソ}}}$ である。

（**数学Ⅱ，数学B，数学C 第5問は次ページに続く。**）

今回のイベントにはおよそ 300 人の来場者が見込まれていることを知った太郎さんは，景品をちょうど 4 個もらう人の数に関する確率について考えることにした。

以下，来場者の総数を 300 人とし，300 人のうち景品をちょうど 4 個もらう人の数を表す確率変数を Y とする。$X = 4$ となるのは，$X_1 = X_2 = 1$ のときであるから，$X = 4$ である確率は $\dfrac{\boxed{タ}}{\boxed{チ}}$ である。

よって，Y の平均を m，標準偏差を σ とすると，$m = \boxed{ツテ}$，$\sigma = \dfrac{\boxed{トナ}}{\boxed{ニ}}$ であり，標本の大きさ 300 は十分に大きいので，Y は近似的に正規分布 $N(m, \sigma^2)$ に従う。

景品をちょうど 4 個もらう人が 85 人以上となる確率の近似値を求めよう。

$Z = \dfrac{Y - m}{\sigma}$ とおくと，$Y = 85$ のとき，Z はおよそ $\boxed{ヌ}.\boxed{ネノ}$ であり，$Y \geqq 85$ となる確率はおよそ $0.\boxed{ハヒ}$ である。

（数学Ⅱ，数学B，数学C 第5問は次ページに続く。）

正 規 分 布 表

次の表は，標準正規分布の分布曲線における右図の灰色部分の面積の値をまとめたものである。

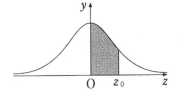

z_0	0.00	0.01	0.02	0.03	0.04	0.05	0.06	0.07	0.08	0.09
0.0	0.0000	0.0040	0.0080	0.0120	0.0160	0.0199	0.0239	0.0279	0.0319	0.0359
0.1	0.0398	0.0438	0.0478	0.0517	0.0557	0.0596	0.0636	0.0675	0.0714	0.0753
0.2	0.0793	0.0832	0.0871	0.0910	0.0948	0.0987	0.1026	0.1064	0.1103	0.1141
0.3	0.1179	0.1217	0.1255	0.1293	0.1331	0.1368	0.1406	0.1443	0.1480	0.1517
0.4	0.1554	0.1591	0.1628	0.1664	0.1700	0.1736	0.1772	0.1808	0.1844	0.1879
0.5	0.1915	0.1950	0.1985	0.2019	0.2054	0.2088	0.2123	0.2157	0.2190	0.2224
0.6	0.2257	0.2291	0.2324	0.2357	0.2389	0.2422	0.2454	0.2486	0.2517	0.2549
0.7	0.2580	0.2611	0.2642	0.2673	0.2704	0.2734	0.2764	0.2794	0.2823	0.2852
0.8	0.2881	0.2910	0.2939	0.2967	0.2995	0.3023	0.3051	0.3078	0.3106	0.3133
0.9	0.3159	0.3186	0.3212	0.3238	0.3264	0.3289	0.3315	0.3340	0.3365	0.3389
1.0	0.3413	0.3438	0.3461	0.3485	0.3508	0.3531	0.3554	0.3577	0.3599	0.3621
1.1	0.3643	0.3665	0.3686	0.3708	0.3729	0.3749	0.3770	0.3790	0.3810	0.3830
1.2	0.3849	0.3869	0.3888	0.3907	0.3925	0.3944	0.3962	0.3980	0.3997	0.4015
1.3	0.4032	0.4049	0.4066	0.4082	0.4099	0.4115	0.4131	0.4147	0.4162	0.4177
1.4	0.4192	0.4207	0.4222	0.4236	0.4251	0.4265	0.4279	0.4292	0.4306	0.4319
1.5	0.4332	0.4345	0.4357	0.4370	0.4382	0.4394	0.4406	0.4418	0.4429	0.4441
1.6	0.4452	0.4463	0.4474	0.4484	0.4495	0.4505	0.4515	0.4525	0.4535	0.4545
1.7	0.4554	0.4564	0.4573	0.4582	0.4591	0.4599	0.4608	0.4616	0.4625	0.4633
1.8	0.4641	0.4649	0.4656	0.4664	0.4671	0.4678	0.4686	0.4693	0.4699	0.4706
1.9	0.4713	0.4719	0.4726	0.4732	0.4738	0.4744	0.4750	0.4756	0.4761	0.4767
2.0	0.4772	0.4778	0.4783	0.4788	0.4793	0.4798	0.4803	0.4808	0.4812	0.4817
2.1	0.4821	0.4826	0.4830	0.4834	0.4838	0.4842	0.4846	0.4850	0.4854	0.4857
2.2	0.4861	0.4864	0.4868	0.4871	0.4875	0.4878	0.4881	0.4884	0.4887	0.4890
2.3	0.4893	0.4896	0.4898	0.4901	0.4904	0.4906	0.4909	0.4911	0.4913	0.4916
2.4	0.4918	0.4920	0.4922	0.4925	0.4927	0.4929	0.4931	0.4932	0.4934	0.4936
2.5	0.4938	0.4940	0.4941	0.4943	0.4945	0.4946	0.4948	0.4949	0.4951	0.4952
2.6	0.4953	0.4955	0.4956	0.4957	0.4959	0.4960	0.4961	0.4962	0.4963	0.4964
2.7	0.4965	0.4966	0.4967	0.4968	0.4969	0.4970	0.4971	0.4972	0.4973	0.4974
2.8	0.4974	0.4975	0.4976	0.4977	0.4977	0.4978	0.4979	0.4979	0.4980	0.4981
2.9	0.4981	0.4982	0.4982	0.4983	0.4984	0.4984	0.4985	0.4985	0.4986	0.4986
3.0	0.4987	0.4987	0.4987	0.4988	0.4988	0.4989	0.4989	0.4989	0.4990	0.4990

第4問～第7問は，いずれか3問を選択し，解答しなさい。

第6問 （選択問題）（配点 16）

三角形 OAB は

$$|\overrightarrow{OA}| = 3, \quad |\overrightarrow{OB}| = \sqrt{3}, \quad \overrightarrow{OA} \cdot \overrightarrow{OB} = 2$$

を満たすとする。$\cos\angle AOB = \dfrac{\boxed{ア}\sqrt{\boxed{イ}}}{\boxed{ウ}}$ である。

辺 AB の中点を M とする。

$$\overrightarrow{OM} = \dfrac{1}{\boxed{エ}}(\overrightarrow{OA} + \overrightarrow{OB})$$

であり $|\overrightarrow{OM}| = \boxed{オ}$ である。

（数学Ⅱ，数学B，数学C 第6問は次ページに続く。）

点 M を通り直線 OA に平行な直線上に，点 C を

$$|\overrightarrow{OC}| = \sqrt{2}, \quad \overrightarrow{OA} \cdot \overrightarrow{OC} > 0$$

を満たすようにとる。実数 k を用いて

$$\overrightarrow{OC} = \overrightarrow{OM} + k\overrightarrow{OA}$$

と表せるから

$$|\overrightarrow{OC}|^2 = |\overrightarrow{OM} + k\overrightarrow{OA}|^2$$

$$= 9k^2 + \boxed{カキ}\,k + \boxed{オ}^2$$

となり，$\overrightarrow{OA} \cdot \overrightarrow{OC} > 0$ も考えると，$k = \dfrac{\boxed{クケ}}{\boxed{コ}}$ である。

点 C は三角形 OAB の $\boxed{サ}$ にある。

$\boxed{サ}$ の解答群

⓪ 周上	① 内部	② 外部

また，$\cos \angle \mathrm{AOC} = \dfrac{\boxed{シ}\sqrt{\boxed{ス}}}{\boxed{セソ}}$ である。

— 47 —

第4問～第7問は，いずれか3問を選択し，解答しなさい。

第7問 （選択問題） （配点 16）

以下において，i を虚数単位とする。

(1) z は虚数とする。$z + \dfrac{2025}{z}$ が実数となるとき，$|z| = \boxed{\text{アイ}}$ である。

(2) 複素数平面上において，点 z が原点を中心とする半径が $r \ (>0)$ の円周上を動き，点 w が $w = z + \dfrac{3}{z}$ を満たすとする。点 w が描く図形を考える。

(i) $r = \sqrt{3}$ とする。

$|z| = \sqrt{3}$ であるから，z の偏角 θ を $0 \leqq \theta < 2\pi$ として

$$z = \sqrt{3} \times \boxed{\text{ウ}}$$

と表せる。すると

$$\frac{3}{z} = \sqrt{3} \times \boxed{\text{エ}}$$

となるので

$$w = \boxed{\text{オ}} \sqrt{\boxed{\text{カ}}} \times \boxed{\text{キ}}$$

と表せる。

$\boxed{\text{ウ}}$，$\boxed{\text{エ}}$ の解答群(同じものを繰り返し選んでもよい。)

⓪ $\sin\theta + i\cos\theta$	① $\sin\theta - i\cos\theta$
② $\cos\theta + i\sin\theta$	③ $\cos\theta - i\sin\theta$

$\boxed{\text{キ}}$ の解答群

⓪ $\sin\theta + \cos\theta$	① $\sin\theta - \cos\theta$	② $\cos\theta - \sin\theta$
③ $\sin\theta$	④ $\cos\theta$	⑤ $\tan\theta$

（数学Ⅱ，数学B，数学C 第7問は次ページに続く。）

点 w は2点 ボックス ク , ボックス ケ を結ぶ線分を描き，この線分の長さは

$\boxed{コ}\sqrt{\boxed{サ}}$ である。

$\boxed{ク}$, $\boxed{ケ}$ の解答群（解答の順序は問わない。）

⓪ $-3\sqrt{3}$	① $-2\sqrt{3}$	② $-\sqrt{3}$
③ $\sqrt{3}$	④ $2\sqrt{3}$	⑤ $3\sqrt{3}$

(ii) $r=3$ とする。

$w=x+yi$ （$x,\ y$ は実数）として，点 w が描く図形の方程式を $x,\ y$ を用いて表すと

$$\frac{x^2}{\boxed{シス}}+\frac{y^2}{\boxed{セ}}=1$$

である。これは楕円の方程式で，焦点の座標は

$$\left(-\boxed{ソ}\sqrt{\boxed{タ}},\ \boxed{チ}\right),\ \left(\boxed{ソ}\sqrt{\boxed{タ}},\ \boxed{チ}\right)$$

であり，長軸の長さは $\boxed{ツ}$ で，短軸の長さは $\boxed{テ}$ である。

— 49 —

第 3 回

（70分/100点）

◆ 問題を解いたら必ず自己採点により学力チェックを行い，解答・解説，学習対策を参考にしてください。

配点と標準解答時間

	設　問	配点	標準解答時間
必答	第1問　三角関数	15点	10　分
	第2問　図形と方程式	15点	10　分
	第3問　微分法・積分法	22点	13　分
3問選択	第4問　数　列	16点	12　分
	第5問　統計的な推測	16点	10　分
	第6問　ベクトル	16点	11　分
	第7問　平面上の曲線と複素数平面	16点	12　分

(注) この科目には，選択問題があります。

第1問 （必答問題）（配点 15）

関数 $f(\theta) = 4\sqrt{3}\,\sin\theta\cos\theta - 4\cos^2\theta + 3$ について考える。

2倍角の公式

$$\sin 2\theta = \boxed{\ \mathrm{ア}\ }\sin\theta\cos\theta$$

$$\cos 2\theta = \boxed{\ \mathrm{イ}\ }\cos^2\theta - \boxed{\ \mathrm{ウ}\ }$$

を変形すると

$$\sin\theta\cos\theta = \frac{\sin 2\theta}{\boxed{\ \mathrm{ア}\ }}$$

$$\cos^2\theta = \frac{\boxed{\ \mathrm{ウ}\ }+\cos 2\theta}{\boxed{\ \mathrm{イ}\ }}$$

となるから，$f(\theta)$ を $\sin 2\theta$, $\cos 2\theta$ を用いて表すと

$$f(\theta) = \boxed{\ \mathrm{エ}\ }\sqrt{\boxed{\ \mathrm{オ}\ }}\,\sin 2\theta - \boxed{\ \mathrm{カ}\ }\cos 2\theta + \boxed{\ \mathrm{キ}\ }$$

となる。さらに，三角関数の合成を用いると

$$f(\theta) = \boxed{\ \mathrm{ク}\ }\sin\left(2\theta - \frac{\pi}{\boxed{\ \mathrm{ケ}\ }}\right) + \boxed{\ \mathrm{キ}\ }$$

と変形できる。

（数学Ⅱ，数学B，数学C 第1問は次ページに続く。）

第 3 回

(1) θ が $0 \leqq \theta \leqq \dfrac{\pi}{2}$ の範囲を動くとき，$f(\theta)$ の最大値は $\boxed{\text{コ}}$ であり，最小値は $\boxed{\text{サシ}}$ である。

(2) k を実数の定数とする。

$0 \leqq \theta \leqq \dfrac{\pi}{2}$ の範囲で，$f(\theta) = k$ を満たす θ がちょうど 2 個存在するような k の値の範囲は

$$\boxed{\text{ス}} \leqq k < \boxed{\text{セ}}$$

である。

第2問 （必答問題）（配点　15）

2種類の食材A，Bの100g当たりの栄養素含有量は次の表の通りである。ただし，a は正の定数とする。

	糖　質	たんぱく質	脂　質	ミネラル
食材A	15 g	5 g	3 g	a g
食材B	10 g	10 g	3 g	0.4 g

次の**条件**を満たすように食材Aと食材Bを摂取し，かつ，これらの食材中の脂質やミネラルの含有量の合計を最小にすることを考える。

> ─ 条件 ─
> （条件1）　糖質の含有量の合計は 40 g 以上とする。
> （条件2）　たんぱく質の含有量の合計は 20 g 以上とする。

以下，食材A，Bの摂取量をそれぞれ $100x$ (g)，$100y$ (g)（$x \geqq 0$, $y \geqq 0$）とする。

（**数学Ⅱ，数学B，数学C 第2問は次ページに続く。**）

(1) $x=y=2$ のときを考える。

食材 A，B の 1 g 当たりの糖質の含有量は，それぞれ $\dfrac{15}{100}$ g, $\dfrac{10}{100}$ g であるから，食材 A，B 中の糖質の含有量の合計は $\boxed{\text{アイ}}$ g である。

また，食材 A，B 中のたんぱく質の含有量の合計は $\boxed{\text{ウエ}}$ g である。

(2) （条件1）と同値な条件を表す不等式は $\boxed{\text{オ}}$ であり，（条件2）と同値な条件を表す不等式は $\boxed{\text{カ}}$ である。

また，食材 A，B 中の脂質の含有量の合計は $\boxed{\text{キ}}$ （g）と表される。

$\boxed{\text{オ}}$ の解答群

⓪ $3x+2y \geqq 4$　① $3x+2y \leqq 4$　② $3x+2y \geqq 8$　③ $3x+2y \leqq 8$

$\boxed{\text{カ}}$ の解答群

⓪ $x+2y \geqq 2$　① $x+2y \leqq 2$　② $x+2y \geqq 4$　③ $x+2y \leqq 4$

$\boxed{\text{キ}}$ の解答群

⓪ $3x+3y$　① $\dfrac{3x}{100}+\dfrac{3y}{100}$　② $9xy$　③ $\dfrac{9xy}{10000}$

（数学Ⅱ，数学B，数学C 第2問は次ページに続く。）

(3) 連立不等式

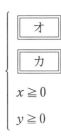

が表す領域を座標平面上に図示すると，次の図 ク の影をつけた部分となる。ただし，境界線を含む。

ク については，最も適当なものを，次の⓪〜③のうちから一つ選べ。

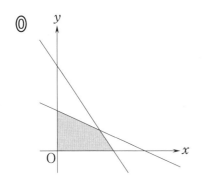

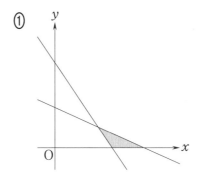

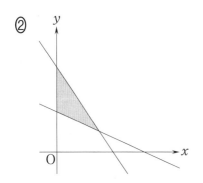

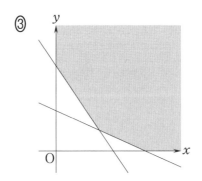

（数学Ⅱ，数学Ｂ，数学Ｃ 第２問は次ページに続く。）

(4) （条件1），（条件2）を満たすように食材A，Bを摂取するとき，これらの食材中の脂質の含有量の合計が最小となるのは，$x = \boxed{ケ}$，$y = \boxed{コ}$ のときであり，そのときの脂質の含有量の合計は $\boxed{サ}$ g である。

また，（条件1），（条件2）を満たすように食材A，Bを摂取するとき，これらの食材中のミネラルの含有量の合計が $x = \boxed{ケ}$，$y = \boxed{コ}$ のときに最小となるような a の値の範囲は

$$\frac{\boxed{シ}}{\boxed{ス}} \leqq a \leqq \frac{\boxed{セ}}{\boxed{ソ}}$$

である。

第3問 (必答問題) (配点 22)

[1] p を 0 でない実数とし，$f(x) = px^3 + (p+1)x^2 - 5x + 1$ とおく。関数 $f(x)$ は次の**条件(★)** を満たすとする。

> **条件(★)**
> $f(x)$ は $x < 1$ の範囲で極大値をもち，$1 < x < 2$ の範囲で極小値をもつ。

$f(x)$ の導関数 $f'(x)$ は

$$f'(x) = \boxed{ア} px^2 + \boxed{イ}(p+1)x - \boxed{ウ}$$

であり，$y = f'(x)$ のグラフの概形は $\boxed{エ}$ である。

$\boxed{エ}$ については，最も適当なものを，次の⓪〜⑤のうちから一つ選べ。なお，y 軸は省略しているが，上方向が y 軸の正の方向である。

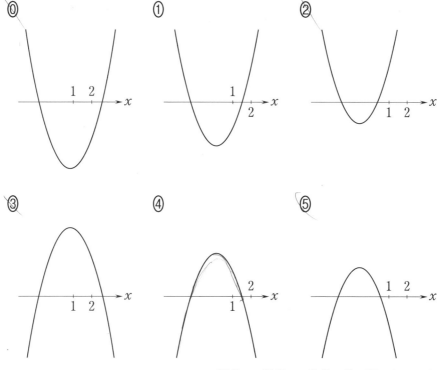

(数学Ⅱ，数学B，数学C 第3問は次ページに続く。)

第3回

　　したがって，**条件**(★)は

$$p \boxed{\text{オ}} 0 \quad \text{かつ} \quad f'(1) \boxed{\text{カ}} 0 \quad \text{かつ} \quad f'(2) \boxed{\text{キ}} 0$$

と同値である。よって，関数 $f(x)$ が**条件**(★)を満たすような p の値の範囲は

$$\frac{\boxed{\text{ク}}}{\boxed{\text{ケコ}}} < p < \frac{\boxed{\text{サ}}}{\boxed{\text{シ}}}$$

である。

$\boxed{\text{オ}} \sim \boxed{\text{キ}}$ の解答群(同じものを繰り返し選んでもよい。)

⓪ $<$	① $=$	② $>$

(数学Ⅱ，数学B，数学C 第3問は次ページに続く。)

〔2〕 2次関数 $g(x)$ は，すべての実数 x に対して

$$g(x) = 3x^2 + 4x\int_0^1 g(t)\,dt$$

を満たすとする。太郎さんと花子さんは，$g(x)$ について話をしている。

太郎：$g(x)$ がわからないと $\int_0^1 g(t)\,dt$ が計算できないね。

花子：$\int_0^1 g(t)\,dt$ は定数だから，k とおいてみたらどうかな。

$\int_0^1 g(t)\,dt = k$（k は定数）とおくと，$g(x) = 3x^2 + 4kx$ であり，k は

$$\int_0^1 (3t^2 + 4kt)\,dt = k$$

を満たす。これより $k = \boxed{\text{スセ}}$ を得るから，$g(x)$ が求まる。

a は定数とする。放物線 $y = g(x)$ と直線 $y = x + a$ が2点で交わり，その交点の x 座標を α, β（$\alpha < \beta$）とする。$y = g(x)$, $y = x + a$ で囲まれた部分の面積を S とすると，S は α, β を用いて

$$S = \boxed{\text{ソ}}$$

と表される。

$\boxed{\text{ソ}}$ の解答群

⓪ $\dfrac{1}{6}(\beta - \alpha)^3$ ① $-\dfrac{1}{6}(\beta - \alpha)^3$ ② $\dfrac{1}{3}(\beta - \alpha)^3$

③ $-\dfrac{1}{3}(\beta - \alpha)^3$ ④ $\dfrac{1}{2}(\beta - \alpha)^3$ ⑤ $-\dfrac{1}{2}(\beta - \alpha)^3$

$S = \dfrac{1}{2}$ となるとき，$a = \dfrac{\boxed{\text{タチ}}}{\boxed{\text{ツ}}}$ である。

— 60 —

第4問～第7問は，いずれか3問を選択し，解答しなさい。　　　　　　　　　**第3回**

第4問　（選択問題）（配点　16）

　　N は4以上の自然数とする。縦 N 個，横 N 個の合計 N^2 個のマス目のそれぞれに，次の**規則**に従って数が入っている。図1には，その一部分が書かれている。

規則

- 1列目（影の部分）のマス目に入っている数は上から順に，初項が2，公差が2の等差数列になっている。
- k 行目のマス目に入っている数は左から順に，公比が3の等比数列になっている。（$k=1, 2, 3, \cdots N$）

　　ただし，マス目の横の並びを行といい，縦の並びを列という。

　　以下では，k 行目 n 列目のマス目に入っている数を $\langle k, n \rangle$ と表す。例えば，$\langle 2, 1 \rangle = 4$ である。

	1列目	2列目	3列目		n 列目		N 列目
1行目	2	6	18	$\cdots$	$\langle 1, n \rangle$		
2行目	4	12	36	$\cdots$			
3行目	6	18	54	$\cdots$			
$\vdots$	$\vdots$	$\vdots$	$\vdots$	$\ddots$			
k 行目	$\langle k, 1 \rangle$				$\langle k, n \rangle$		
N 行目							

図1

（数学II，数学B，数学C 第4問は次ページに続く。）

(1) 4行目のマス目に入っている数は左から順に，公比が3の等比数列になっている
から

$$\langle 4,\ n\rangle = \boxed{\ \text{ア}\ } \cdot 3^{\boxed{\text{イ}}} \quad (n=1,\ 2,\ 3,\ \cdots,\ N)$$

が成り立つ。

4行目のマス目に入っている N 個の数の和

$$\sum_{n=1}^{N}\langle 4,\ n\rangle = \langle 4,\ 1\rangle + \langle 4,\ 2\rangle + \langle 4,\ 3\rangle + \cdots + \langle 4,\ N\rangle$$

は，初項が $\langle 4,\ 1\rangle$，公比が3，項数が N の等比数列の和であるから

$$\sum_{n=1}^{N}\langle 4,\ n\rangle = \boxed{\ \text{ウ}\ }\left(\boxed{\ \text{エ}\ }^{N} - \boxed{\ \text{オ}\ }\right)$$

である。

$\boxed{\ \text{イ}\ }$ の解答群

⓪ $n-1$	① n	② $n+1$	③ $n+2$

（数学Ⅱ，数学B，数学C 第4問は次ページに続く。）

第3回

(2) $n = 1, 2, 3, \cdots, N$ に対して，n 列目のマス目に入っている N 個の数の和を S_n とおく。すなわち

$$S_n = \langle 1, n \rangle + \langle 2, n \rangle + \langle 3, n \rangle + \cdots + \langle N, n \rangle \quad (n = 1, 2, 3, \cdots, N)$$

である。

太郎さんと花子さんは S_n を n と N の式で表すことについて話をしている。

太郎：$\langle k, n \rangle$ を k と n の式で表せば，S_n の式を求められそうだね。

花子：S_n と S_{n+1} の関係に着目することでも求められそうだよ。

(i) 太郎さんの求め方について考えてみよう。

$$\langle k, 1 \rangle = \boxed{\text{カ}} \quad (k = 1, 2, 3, \cdots, N)$$

であり，k 行目のマス目に入っている数は左から順に，公比が 3 の等比数列になっているから

$$\langle k, n \rangle = \boxed{\text{キ}} \quad (k = 1, 2, 3, \cdots, N, \quad n = 1, 2, 3, \cdots, N)$$

である。

したがって

$$S_n = \sum_{k=1}^{N} \langle k, n \rangle \quad (n = 1, 2, 3, \cdots, N)$$

すなわち

$$S_n = \sum_{k=1}^{N} \boxed{\text{キ}} \quad (n = 1, 2, 3, \cdots, N)$$

である。

$\boxed{\text{カ}}$，$\boxed{\text{キ}}$ の解答群(同じものを繰り返し選んでもよい。)

⓪ k	① $2k$	② $2k+2$
③ $k \cdot 3^{n-1}$	④ $2k \cdot 3^{n-1}$	⑤ $(2k+2) \cdot 3^{n-1}$
⑥ $k \cdot 3^n$	⑦ $2k \cdot 3^n$	⑧ $(2k+2) \cdot 3^n$

(数学Ⅱ，数学B，数学C 第4問は次ページに続く。)

(ii) 花子さんの求め方について考えてみよう。

S_1 は，1列目(影の部分)のマス目に入っている N 個の数の和であるから

$$S_1 = \boxed{\text{ク}}$$

である。また

$$\langle k, n+1 \rangle = \boxed{\text{ケ}} \cdot \langle k, n \rangle$$

$$(k = 1, 2, 3, \cdots, N, \quad n = 1, 2, 3, \cdots, N-1)$$

であるから

$$S_{n+1} = \boxed{\text{コ}} S_n \quad (n = 1, 2, 3, \cdots, N-1)$$

が成り立つ。これらのことから S_n の式を求めることができる。

$\boxed{\text{ク}}$ の解答群

⓪ $\dfrac{1}{2}N(N+1)$ ① $N(N+1)$ ② $\dfrac{1}{2}N(N+3)$ ③ $N(N+3)$

④ $\dfrac{1}{2}N^2$ ⑤ N^2 ⑥ $2N^2$ ⑦ $\dfrac{1}{2}(N+1)^2$

(iii) (i)または(ii)の考え方を用いることにより，S_n を n と N の式で表すと

$$S_n = N\left(N + \boxed{\text{サ}}\right) \cdot \boxed{\text{シ}}^{\boxed{\text{ス}}} \quad (n = 1, 2, 3, \cdots, N)$$

となる。

$\boxed{\text{ス}}$ の解答群

⓪ $n-1$ ① n ② $n+1$ ③ $n+2$

(数学Ⅱ，数学B，数学C 第4問は次ページに続く。)

(3) 図1の左上から右下に向かう対角線上にある N 個のマス目に入っている数の和
$$\langle 1,\ 1\rangle+\langle 2,\ 2\rangle+\langle 3,\ 3\rangle+\cdots+\langle N,\ N\rangle$$
を T とおく。すなわち
$$T=\sum_{k=1}^{N}\langle k,\ k\rangle$$
である。$T-3T$ を計算することにより
$$T=\frac{(\boxed{セ}N-\boxed{ソ})\cdot\boxed{タ}^{N+1}}{\boxed{チ}}$$
となる。

第4問~第7問は，いずれか**3問**を選択し，解答しなさい。

第5問 （選択問題）（配点 16）

[1] 袋の中に 1 と書かれた球，2 と書かれた球，4 と書かれた球の合計 3 個の球が入っている。この袋から 1 個の球を取り出すとき，取り出した球に書かれた数を表す確率変数を X とし，袋に残った 2 個の球に書かれた数の和を表す確率変数を Y とする。

X の平均（期待値），X^2 の平均はそれぞれ

$$E(X) = \frac{\boxed{\text{ア}}}{\boxed{\text{イ}}}, \quad E(X^2) = \boxed{\text{ウ}}$$

であるから，X の分散は

$$V(X) = \frac{\boxed{\text{エオ}}}{\boxed{\text{カ}}}$$

である。

また，$Y = \boxed{\text{キ}} - X$ であることから，Y の分散，XY の平均はそれぞれ

$$V(Y) = \frac{\boxed{\text{クケ}}}{\boxed{\text{コ}}}, \quad E(XY) = \frac{\boxed{\text{サシ}}}{\boxed{\text{ス}}}$$

である。

（数学Ⅱ，数学B，数学C 第5問は次ページに続く。）

— 66 —

[2]　以下の問題を解答するにあたっては，必要に応じて 69 ページの正規分布表を用いてもよい。

⑴　ある工場では，電球を大量に作っており，電球の寿命は，平均 1000 時間，標準偏差 20 時間の正規分布に従うことがわかっている。

　　電球の寿命(単位は時間)を表す確率変数を W とし，$Z = \dfrac{W-1000}{20}$ とすると，Z は正規分布 $N\left(\boxed{\text{セ}}, \boxed{\text{ソ}}\right)$ に従う。

　　したがって，寿命が 1030 時間以上である電球の割合は 0.$\boxed{\text{タチ}}$ である。

（数学Ⅱ，数学B，数学C 第5問は次ページに続く。）

(2) (1)の工場で，生産ラインが改善されたため，新しい生産ラインを使って試験的に50個の電球を作ったが，1個割れてしまった。

　残りの49個を，今後作る大量の電球の無作為標本とみなして，新しい生産ラインで作る電球の寿命(単位は時間)の母平均 m を推定する。

　49個の電球の寿命の平均は1020時間であり，標準偏差は20時間であった。ただし，電球の寿命の母標準偏差は標本標準偏差と等しいとしてよい。

　m の信頼度95%の信頼区間を $C \leqq m \leqq D$ とするとき，

$$\frac{C+D}{2} = \boxed{\text{ツテトナ}}$$ であり，信頼区間の幅 $D-C$ は $\boxed{\text{ニヌ}}.\boxed{\text{ネ}}$ である。

　さらに多くの電球を作ったときの，m の信頼度95%の信頼区間 $C' \leqq m \leqq D'$ について，信頼区間の幅 $D'-C'$ が7以下となるような，標本の大きさの最小値は $\boxed{\text{ノ}}$ である。ただし，電球の寿命の母標準偏差は20時間としてよいとする。

$\boxed{\text{ノ}}$ については，最も適当なものを，次の⓪～⑤のうちから一つ選べ。

⓪ 78	① 94	② 110
③ 126	④ 142	⑤ 158

(数学Ⅱ，数学B，数学C 第5問は次ページに続く。)

正 規 分 布 表

次の表は，標準正規分布の分布曲線における右図の灰色部分の面積の値をまとめたものである。

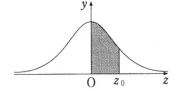

z_0	0.00	0.01	0.02	0.03	0.04	0.05	0.06	0.07	0.08	0.09
0.0	0.0000	0.0040	0.0080	0.0120	0.0160	0.0199	0.0239	0.0279	0.0319	0.0359
0.1	0.0398	0.0438	0.0478	0.0517	0.0557	0.0596	0.0636	0.0675	0.0714	0.0753
0.2	0.0793	0.0832	0.0871	0.0910	0.0948	0.0987	0.1026	0.1064	0.1103	0.1141
0.3	0.1179	0.1217	0.1255	0.1293	0.1331	0.1368	0.1406	0.1443	0.1480	0.1517
0.4	0.1554	0.1591	0.1628	0.1664	0.1700	0.1736	0.1772	0.1808	0.1844	0.1879
0.5	0.1915	0.1950	0.1985	0.2019	0.2054	0.2088	0.2123	0.2157	0.2190	0.2224
0.6	0.2257	0.2291	0.2324	0.2357	0.2389	0.2422	0.2454	0.2486	0.2517	0.2549
0.7	0.2580	0.2611	0.2642	0.2673	0.2704	0.2734	0.2764	0.2794	0.2823	0.2852
0.8	0.2881	0.2910	0.2939	0.2967	0.2995	0.3023	0.3051	0.3078	0.3106	0.3133
0.9	0.3159	0.3186	0.3212	0.3238	0.3264	0.3289	0.3315	0.3340	0.3365	0.3389
1.0	0.3413	0.3438	0.3461	0.3485	0.3508	0.3531	0.3554	0.3577	0.3599	0.3621
1.1	0.3643	0.3665	0.3686	0.3708	0.3729	0.3749	0.3770	0.3790	0.3810	0.3830
1.2	0.3849	0.3869	0.3888	0.3907	0.3925	0.3944	0.3962	0.3980	0.3997	0.4015
1.3	0.4032	0.4049	0.4066	0.4082	0.4099	0.4115	0.4131	0.4147	0.4162	0.4177
1.4	0.4192	0.4207	0.4222	0.4236	0.4251	0.4265	0.4279	0.4292	0.4306	0.4319
1.5	0.4332	0.4345	0.4357	0.4370	0.4382	0.4394	0.4406	0.4418	0.4429	0.4441
1.6	0.4452	0.4463	0.4474	0.4484	0.4495	0.4505	0.4515	0.4525	0.4535	0.4545
1.7	0.4554	0.4564	0.4573	0.4582	0.4591	0.4599	0.4608	0.4616	0.4625	0.4633
1.8	0.4641	0.4649	0.4656	0.4664	0.4671	0.4678	0.4686	0.4693	0.4699	0.4706
1.9	0.4713	0.4719	0.4726	0.4732	0.4738	0.4744	0.4750	0.4756	0.4761	0.4767
2.0	0.4772	0.4778	0.4783	0.4788	0.4793	0.4798	0.4803	0.4808	0.4812	0.4817
2.1	0.4821	0.4826	0.4830	0.4834	0.4838	0.4842	0.4846	0.4850	0.4854	0.4857
2.2	0.4861	0.4864	0.4868	0.4871	0.4875	0.4878	0.4881	0.4884	0.4887	0.4890
2.3	0.4893	0.4896	0.4898	0.4901	0.4904	0.4906	0.4909	0.4911	0.4913	0.4916
2.4	0.4918	0.4920	0.4922	0.4925	0.4927	0.4929	0.4931	0.4932	0.4934	0.4936
2.5	0.4938	0.4940	0.4941	0.4943	0.4945	0.4946	0.4948	0.4949	0.4951	0.4952
2.6	0.4953	0.4955	0.4956	0.4957	0.4959	0.4960	0.4961	0.4962	0.4963	0.4964
2.7	0.4965	0.4966	0.4967	0.4968	0.4969	0.4970	0.4971	0.4972	0.4973	0.4974
2.8	0.4974	0.4975	0.4976	0.4977	0.4977	0.4978	0.4979	0.4979	0.4980	0.4981
2.9	0.4981	0.4982	0.4982	0.4983	0.4984	0.4984	0.4985	0.4985	0.4986	0.4986
3.0	0.4987	0.4987	0.4987	0.4988	0.4988	0.4989	0.4989	0.4989	0.4990	0.4990

第4問〜第7問は，いずれか3問を選択し，解答しなさい。

第6問 （選択問題）（配点 16）

O を原点とする座標空間に 3 点 A(1, 0, 2)，B(2, 1, −1)，C(2, 6, 4) がある。

$$|\overrightarrow{\mathrm{OA}}| = \sqrt{\boxed{\text{ア}}}, \quad |\overrightarrow{\mathrm{OB}}| = \sqrt{\boxed{\text{イ}}}, \quad \overrightarrow{\mathrm{OA}} \cdot \overrightarrow{\mathrm{OB}} = \boxed{\text{ウ}}$$

であるから，三角形 OAB の面積は $\dfrac{\sqrt{\boxed{\text{エオ}}}}{\boxed{\text{カ}}}$ である。

点 C を通り平面 OAB に垂直な直線と，平面 OAB の交点 H の座標を求めよう。

$\overrightarrow{\mathrm{OA}}$ と $\overrightarrow{\mathrm{OB}}$ の両方に垂直であるベクトルを $\vec{n} = (\ell,\, m,\, 1)$ とすると

$$\vec{n} \cdot \overrightarrow{\mathrm{OA}} = \vec{n} \cdot \overrightarrow{\mathrm{OB}} = \boxed{\text{キ}}$$

が成り立つから

$$\ell = \boxed{\text{クケ}}, \quad m = \boxed{\text{コ}}$$

である。

点 H は，点 C を通り $\vec{n}$ に平行な直線上にあるから，実数 t を用いて

$$\overrightarrow{\mathrm{OH}} = \overrightarrow{\mathrm{OC}} + t\vec{n} \qquad \cdots\cdots\cdots\cdots\cdots\cdots ①$$

と表せる。また，点 H は平面 OAB 上にあるから，実数 α，β を用いて

$$\overrightarrow{\mathrm{OH}} = \alpha\overrightarrow{\mathrm{OA}} + \beta\overrightarrow{\mathrm{OB}} \qquad \cdots\cdots\cdots\cdots\cdots\cdots ②$$

と表せる。① と ② の各成分が一致することから，点 H の座標は

$$\left(\boxed{\text{サ}},\ \boxed{\text{シ}},\ \boxed{\text{ス}}\right)$$

である。

（数学Ⅱ，数学B，数学C 第6問は次ページに続く。）

$\left|\overrightarrow{\text{CH}}\right| = \sqrt{\boxed{\text{セソ}}}$ であるから，四面体 OABC の体積を V とすると，$V = \boxed{\text{タ}}$ である。

P を，直線 OC 上の O とは異なる点とする。四面体 OABP の体積が $\dfrac{V}{2}$ となるような点 P は二つ存在する。

それらの座標は

$$\left(\boxed{\text{チ}}, \boxed{\text{ツ}}, \boxed{\text{テ}}\right) \quad \text{と} \quad \left(\boxed{\text{トナ}}, \boxed{\text{ニヌ}}, \boxed{\text{ネノ}}\right)$$

である。

第4問～第7問は，いずれか3問を選択し，解答しなさい。

第7問 （選択問題）（配点 16）

i は虚数単位とする。O を原点とする複素数平面上において
$$5x^2 - 2\sqrt{3}\,xy + 3y^2 - 6 = 0$$

を満たす点 $x + yi$ 全体の表す曲線を C_1 とし，曲線 C_1 を原点を中心として $\dfrac{\pi}{6}$ だけ回転させた曲線を C_2 とする。

C_1 上の点 $x + yi$ を原点を中心として $\dfrac{\pi}{6}$ だけ回転した点を $X + Yi$ とすると
$$x + yi = \left(\boxed{\ \ \text{ア}\ \ }\right)(X + Yi)$$

であるから，x，y を X，Y を用いて表すと
$$x = \boxed{\ \ \text{イ}\ \ }, \quad y = \boxed{\ \ \text{ウ}\ \ }$$

である。

$\boxed{\ \text{ア}\ }$ の解答群

⓪ $\cos\dfrac{\pi}{6} + i\sin\dfrac{\pi}{6}$	① $\cos\left(-\dfrac{\pi}{6}\right) + i\sin\left(-\dfrac{\pi}{6}\right)$
② $\cos\dfrac{\pi}{3} + i\sin\dfrac{\pi}{3}$	③ $\cos\left(-\dfrac{\pi}{3}\right) + i\sin\left(-\dfrac{\pi}{3}\right)$

$\boxed{\ \text{イ}\ }$，$\boxed{\ \text{ウ}\ }$ の解答群（同じものを繰り返し選んでもよい。）

⓪ $\dfrac{X + \sqrt{3}\,Y}{2}$	① $\dfrac{\sqrt{3}\,X + Y}{2}$	② $\dfrac{-X + \sqrt{3}\,Y}{2}$
③ $\dfrac{-\sqrt{3}\,X + Y}{2}$	④ $\dfrac{X - \sqrt{3}\,Y}{2}$	⑤ $\dfrac{\sqrt{3}\,X - Y}{2}$

（数学Ⅱ，数学B，数学C 第7問は次ページに続く。）

したがって，C_2 上の点を $X+Yi$ とすると，X, Y は

$$\boxed{エ}X^2+Y^2=\boxed{オ}$$

を満たす。

これより，C_1 の概形は $\boxed{カ}$ である。

$\boxed{カ}$ については，最も適当なものを，次の ⓪〜⑤ のうちから一つ選べ。

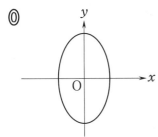
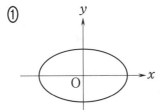
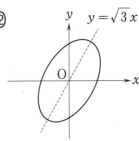
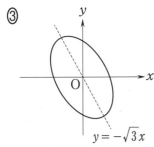
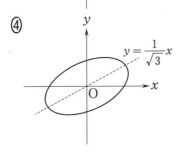
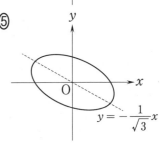

C_1 上の $x \geqq 0, y \geqq 0$ を満たす点で，原点からの距離が最大となる点を P とすると，P を表す複素数は $\dfrac{\sqrt{\boxed{キ}}}{\boxed{ク}}+\dfrac{\boxed{ケ}}{\boxed{コ}}i$ である。

第 4 回

―― 問題を解くまえに ――

◆　本問題は100点満点です。

◆　問題解答時間は70分です。

◆　問題を解いたら必ず自己採点により学力チェックを行い，解答・解説，
　　学習対策を参考にしてください。

◆　以下は，'23全統共通テスト高2模試の結果を表したものです。

人　　数	93,084
配　　点	100
平　均　点	48.7
標　準　偏　差	20.6
最　高　点	100
最　低　点	0

第4回

（注）この科目には，選択問題があります。

第1問 （必答問題） （配点 15）

(1) $\cos \dfrac{\pi}{3} = \boxed{}$ ， $\sin \dfrac{\pi}{3} = \boxed{}$ であるから，三角関数の加法定理より

$$\cos\left(x - \dfrac{\pi}{3}\right) = \boxed{} \cos x + \boxed{} \sin x \quad \cdots\cdots\cdots\cdots\cdots\cdots ①$$

が成り立つ。

したがって， $\cos \dfrac{\pi}{12} = \dfrac{\sqrt{\boxed{}} + \sqrt{\boxed{}}}{\boxed{}}$ である。

ただし， $\boxed{} > \boxed{}$ とする。

$\boxed{} \sim \boxed{}$ の解答群（同じものを繰り返し選んでもよい。）

⓪ 0	① $\dfrac{1}{2}$	② $\dfrac{\sqrt{2}}{2}$	③ $\dfrac{\sqrt{3}}{2}$	④ 1
⑤ $-\dfrac{1}{2}$	⑥ $-\dfrac{\sqrt{2}}{2}$	⑦ $-\dfrac{\sqrt{3}}{2}$	⑧ -1	

（数学Ⅱ，数学B，数学C第1問は次ページに続く。）

⑵ $0 \leqq \theta \leqq \pi$ のとき

$$2\cos^2\theta + 2\sqrt{3}\,\sin\theta\cos\theta = 2\cos\theta + 1 \qquad \cdots\cdots\cdots\cdots\cdots\cdots ②$$

を満たす θ を求めよう。

2倍角の公式

$$\sin 2\theta = \boxed{}\ \sin\theta\cos\theta$$

$$\cos 2\theta = \boxed{}\ \cos^2\theta - \boxed{}$$

を用いて②を変形しよう。

$$\cos^2\theta = \frac{\boxed{} + \cos 2\theta}{\boxed{}}\ \text{であるから，②は}$$

$$\cos 2\theta + \sqrt{\boxed{}}\ \sin 2\theta = 2\cos\theta$$

と変形でき，さらに，①を用いると，これは

$$\cos\left(2\theta - \frac{\pi}{\boxed{}}\right) = \cos\theta$$

となる。

したがって，$0 \leqq \theta \leqq \pi$ のとき，②を満たす θ は小さいものから順に

$$\frac{\pi}{\boxed{}},\ \frac{\pi}{\boxed{}},\ \frac{\boxed{}}{\boxed{}}\pi$$

である。

— 77 —

第2問 （必答問題）（配点 15）

〔1〕 x の方程式

$$3^{2x+1} - 7 \cdot 3^x + 2 = 0 \qquad \cdots\cdots\cdots\cdots\cdots\cdots (*)$$

を考える。

$t = 3^x$ とすると，$3^{2x+1} = \boxed{ア}\, t^{\boxed{イ}}$ であるから，$(*)$ は

$$\boxed{ア}\, t^{\boxed{イ}} - \boxed{ウ}\, t + 2 = 0$$

となる。

したがって，$(*)$ を満たす x の値は

$$\boxed{エオ}, \quad \log_3 \boxed{カ}$$

である。

（数学Ⅱ，数学Ｂ，数学Ｃ第2問は次ページに続く。）

[2] 光が遮られると明るさがどのように変化するかを調べるため，下のような**実験**を行う。ここで，明るさは「照度」(単位：ルクス)で測るものとする。

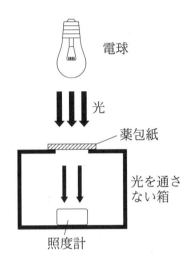

実験
- 光源として電球を用い，電球と遮蔽物，照度計の距離は一定とする。
- 遮蔽物として，同じ材料で作られた同じ厚さの薬包紙を用い，その枚数 n を変化させることにより光の遮蔽量を調整する。ただし，n は負でない整数であるとし，$n=0$ は遮蔽物がないことを表す。
- そのときの照度 $E(n)$ (ルクス) を測定する。

このとき，n に無関係な正の定数 k，a を用いて $E(n) = k \cdot a^{-n}$ と表せることが知られている。

(数学II，数学B，数学C第2問は次ページに続く。)

遮蔽物がないとき照度は 300 ルクスであった。このときを**初期状態**という。また，薬包紙を 2 枚用いたとき照度は 75 ルクスであった。

このとき

$$E(n) = \boxed{キクケ} \cdot \left(\dfrac{\boxed{コ}}{\boxed{サ}} \right)^n$$

が成り立つ。これより，次のことがわかる。

・ 薬包紙を 5 枚から 8 枚に増やすと，測定される照度は $\dfrac{\boxed{シ}}{\boxed{ス}}$ 倍になる。

・ **初期状態**から始めて，薬包紙を 1 枚ずつ増やして照度を測定する。測定される照度が**初期状態**の照度の $\dfrac{1}{1000}$ 倍を初めて下回るのは，薬包紙を $\boxed{セソ}$ 枚用いたときである。

第4回

第3問 （必答問題）（配点 22）

$f(x) = x^3 - 6x^2 + 9x - 1$ とおく。$f(x)$ の導関数は

$$f'(x) = \boxed{\text{ア}}\, x^2 - \boxed{\text{イウ}}\, x + \boxed{\text{エ}}$$

であるから，$f(x)$ は

$$x = \boxed{\text{オ}} \quad \text{で極大値} \quad \boxed{\text{カ}}$$

$$x = \boxed{\text{キ}} \quad \text{で極小値} \quad \boxed{\text{クケ}}$$

をとる。

(1) k を実数の定数として，x の方程式

$$f(x) = k \qquad \cdots\cdots\cdots\cdots\cdots\cdots\cdots\cdots (*)$$

の実数解について考える。

(i) $k = \boxed{\text{カ}}$ のとき，(*) の実数解は $x = \boxed{\text{オ}}$，$\boxed{\text{コ}}$ である。

(ii) (*) が異なる三つの実数解をもつような k の値の範囲は $\boxed{\text{サシ}} < k < \boxed{\text{ス}}$

である。このとき，(*) の実数解のうち正であるものの個数は $\boxed{\text{セ}}$ 個であり，

そのうち最大のものを α とすると α の整数部分は $\boxed{\text{ソ}}$ である。ただし，実数

x に対し，x を超えない最大の整数を「x の整数部分」という。

（数学Ⅱ，数学B，数学C 第3問は次ページに続く。）

— 81 —

⑵ 座標平面上の曲線 $y = f(x)$ を C_1 とし，点 $A(2, f(2))$ における C_1 の接線を ℓ とする。

$f'(2) = \boxed{\text{タチ}}$ であるから，ℓ の方程式は

$$y = \boxed{\text{タチ}}\, x + \boxed{\text{ツ}}$$

である。

$p,\ q$ を実数の定数として $g(x) = 2x^2 + px + q$ とおき，座標平面上の放物線 $y = g(x)$ を C_2 とする。C_2 は点 A を通り，点 A における C_2 の接線が ℓ であるとする。

$$g(2) = \boxed{\text{テ}} \quad\text{かつ}\quad g'(2) = \boxed{\text{ト}}$$

であるから

$$p = \boxed{\text{ナニヌ}}, \quad q = \boxed{\text{ネノ}}$$

である。

C_2 と ℓ および y 軸で囲まれた図形の面積は $\dfrac{\boxed{\text{ハヒ}}}{\boxed{\text{フ}}}$ である。

$\boxed{\text{テ}}$，$\boxed{\text{ト}}$ の解答群(同じものを繰り返し選んでもよい。)

⓪ $f'(2)$	① $f(2)$	② 2

— 82 —

第4問～第7問は，いずれか3問を選択し，解答しなさい。　　　　　**第4回**

第4問 （選択問題）（配点 16）

〔1〕 数列 $\{a_n\}$ を初項 a_1 が -1，公差が3の等差数列とする。

$$a_n = \boxed{\ \text{ア}\ }\,n - \boxed{\ \text{イ}\ } \quad (n=1,\ 2,\ 3,\ \cdots)$$

であり，数列 $\{a_n\}$ の初項から第 n 項までの和を S_n とすると

$$S_n = \frac{\boxed{\ \text{ウ}\ }}{\boxed{\ \text{エ}\ }}\,n^2 - \frac{\boxed{\ \text{オ}\ }}{\boxed{\ \text{カ}\ }}\,n \quad (n=1,\ 2,\ 3,\ \cdots)$$

である。

　　数列 $\{b_n\}$ の階差数列が数列 $\{a_n\}$ であるとする。すなわち

$$b_{n+1} - b_n = a_n \quad (n=1,\ 2,\ 3,\ \cdots)$$

が成り立つとする。このとき

$$b_n = \boxed{\ \text{キ}\ } \quad (n=2,\ 3,\ 4,\ \cdots)$$

が成り立つ。

$\boxed{\ \text{キ}\ }$ の解答群

⓪ $b_1 + S_{n-1}$	① $b_1 + S_n$	② $b_1 + S_{n+1}$
③ $b_2 + S_{n-1}$	④ $b_2 + S_n$	⑤ $b_2 + S_{n+1}$

（数学Ⅱ，数学B，数学C第4問は次ページに続く。）

— 83 —

〔2〕 自然数 n に対して，$\sqrt{n}$ の整数部分を c_n とする。例えば，$7<\sqrt{50}<8$ であるから，$c_{50}=7$ である。

(1) $c_1=c_2=c_3=\boxed{\text{ク}}$，$c_4=\boxed{\text{ケ}}$ である。

(2) $c_n=5$ となる自然数 n の最小値は $\boxed{\text{コサ}}$，最大値は $\boxed{\text{シス}}$ である。

(3) k を自然数とする。

$c_n=k$ となる自然数 n の最小値は $\boxed{\text{セ}}$，最大値は $\boxed{\text{ソ}}$ であり，

$c_n=k$ となる自然数 n の個数は $\left(\boxed{\text{タ}}\,k+\boxed{\text{チ}}\right)$ 個である。

したがって，数列 $\{c_n\}$ の項のうち，値が k であるものの総和を T_k とすると

$$T_k=k\times\left(\boxed{\text{タ}}\,k+\boxed{\text{チ}}\right)\quad(k=1,\ 2,\ 3,\ \cdots)$$

である。

$\boxed{\text{セ}}$，$\boxed{\text{ソ}}$ の解答群(同じものを繰り返し選んでもよい。)

⓪ k^2-1	① k^2	② k^2+1
③ k^2+2k	④ $(k+1)^2$	⑤ k^2+2k+2

(数学Ⅱ，数学B，数学C第4問は次ページに続く。)

第 4 回

(4) m を 2 以上の整数とする。

数列 $\{c_n\}$ の初項から第 $m(m+1)$ 項までの和を U_m とすると

$$U_m = \frac{\boxed{ツ}}{\boxed{テ}} m \left(\boxed{ト} m^2 + \boxed{ナ} m + \boxed{ニ} \right) \quad (m = 2,\ 3,\ 4,\ \cdots)$$

である。

— 85 —

第4問～第7問は，いずれか3問を選択し，解答しなさい。

第5問 （選択問題）（配点 16）

以下の問題を解答するにあたっては，必要に応じて89ページの正規分布表を用いてもよい。

n を自然数とする。一つのさいころを n 回投げたとき，3の倍数の目が出た回数を X とする。

(1) 1から6までの目がそれぞれ等確率で出るさいころを**標準さいころ**と呼ぶことにする。**標準さいころ**を1回投げたとき，3の倍数の目が出る確率は $\dfrac{\boxed{ア}}{\boxed{イ}}$ である。

$n = 3$ とし，使用するさいころは**標準さいころ**であるとする。

X は二項分布 $B\left(3,\ \dfrac{\boxed{ア}}{\boxed{イ}}\right)$ に従うから，X の平均(期待値)は $\boxed{ウ}$ であり，

X の分散は $\dfrac{\boxed{エ}}{\boxed{オ}}$ である。また，3回中，3の倍数以外の目が出た回数を Y とすると，

$Y = \boxed{カ} - X$ であるから，Y の平均は $\boxed{キ}$ である。

（数学Ⅱ，数学B，数学C第5問は次ページに続く。）

(2) p を $0 < p < 1$ かつ $p \neq \dfrac{1}{6}$ を満たす定数とする。ある工場で作られたさいころは、6 の目が出る確率が p であり、1 から 5 までの目が出る確率はそれぞれ $\dfrac{1-p}{5}$ である。このさいころを**歪んださいころ**と呼ぶことにする。

　歪んださいころを 1 回投げたとき、3 の倍数の目が出る確率を q とすると

$$q = \frac{\boxed{ク}\, p + \boxed{ケ}}{\boxed{コ}}$$

である。

(i) $n = 150$ とし、使用するさいころは**歪んださいころ**であるとする。X の平均が 60 である場合を考えよう。

　X の平均が 60 であることから、$p = \dfrac{\boxed{サ}}{\boxed{シ}}$ であり、X の標準偏差は

$\boxed{ス}$ である。さらに、$n = 150$ は十分に大きいので、$Z = \dfrac{X - 60}{\boxed{ス}}$ とおく

と、Z は近似的に標準正規分布に従う。$X = 51$ のとき $Z = -\boxed{セ}.\boxed{ソ}$ で

あるから、$X \geqq 51$ となる確率の近似値は正規分布表から次のように求められる。

$$P(X \geqq 51) = P\left(Z \geqq -\boxed{セ}.\boxed{ソ}\right) = \boxed{タ}$$

　$\boxed{タ}$ については、最も適当なものを、次の ⓪ ～ ③ のうちから一つ選べ。

⓪　0.691	①　0.745	②　0.841	③　0.933

（数学Ⅱ，数学B，数学C 第5問は次ページに続く。）

(ii) p の値がわからないとする。

$n = 1600$ とし，使用するさいころは**歪んださいころ**であるとする。3 の倍数の目が 1600 回中 1280 回出たとき，q に対する信頼度 95% の信頼区間を求めよう。

1600 回のうち，3 の倍数の目が出た回数の割合を $R = \dfrac{X}{1600}$ とする。

$X = 1280$ のときの R の値は $\dfrac{\boxed{チ}}{\boxed{ツ}}$ である。

$n = 1600$ は十分に大きいので，q に対する信頼度 95% の信頼区間は

$$R - \boxed{テ} \times \boxed{ト} \leqq q \leqq R + \boxed{テ} \times \boxed{ト}$$

すなわち

$$0.\boxed{ナニ} \leqq q \leqq 0.\boxed{ヌネ}$$

となる。

$\boxed{テ}$ の解答群

   ⓪   0.95   **①**   1.64   **②**   1.96   **③**   2.58

$\boxed{ト}$ の解答群

   ⓪ $\dfrac{\sqrt{R(1-R)}}{n}$ **①** $\sqrt{\dfrac{R(1-R)}{n}}$ **②** $\dfrac{R(1-R)}{n}$ **③** $\dfrac{R(1-R)}{\sqrt{n}}$

（数学Ⅱ，数学B，数学C第5問は次ページに続く。）

正 規 分 布 表

次の表は，標準正規分布の分布曲線における右図の灰色部分の面積の値をまとめたものである。

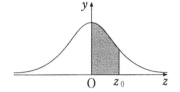

z_0	0.00	0.01	0.02	0.03	0.04	0.05	0.06	0.07	0.08	0.09
0.0	0.0000	0.0040	0.0080	0.0120	0.0160	0.0199	0.0239	0.0279	0.0319	0.0359
0.1	0.0398	0.0438	0.0478	0.0517	0.0557	0.0596	0.0636	0.0675	0.0714	0.0753
0.2	0.0793	0.0832	0.0871	0.0910	0.0948	0.0987	0.1026	0.1064	0.1103	0.1141
0.3	0.1179	0.1217	0.1255	0.1293	0.1331	0.1368	0.1406	0.1443	0.1480	0.1517
0.4	0.1554	0.1591	0.1628	0.1664	0.1700	0.1736	0.1772	0.1808	0.1844	0.1879
0.5	0.1915	0.1950	0.1985	0.2019	0.2054	0.2088	0.2123	0.2157	0.2190	0.2224
0.6	0.2257	0.2291	0.2324	0.2357	0.2389	0.2422	0.2454	0.2486	0.2517	0.2549
0.7	0.2580	0.2611	0.2642	0.2673	0.2704	0.2734	0.2764	0.2794	0.2823	0.2852
0.8	0.2881	0.2910	0.2939	0.2967	0.2995	0.3023	0.3051	0.3078	0.3106	0.3133
0.9	0.3159	0.3186	0.3212	0.3238	0.3264	0.3289	0.3315	0.3340	0.3365	0.3389
1.0	0.3413	0.3438	0.3461	0.3485	0.3508	0.3531	0.3554	0.3577	0.3599	0.3621
1.1	0.3643	0.3665	0.3686	0.3708	0.3729	0.3749	0.3770	0.3790	0.3810	0.3830
1.2	0.3849	0.3869	0.3888	0.3907	0.3925	0.3944	0.3962	0.3980	0.3997	0.4015
1.3	0.4032	0.4049	0.4066	0.4082	0.4099	0.4115	0.4131	0.4147	0.4162	0.4177
1.4	0.4192	0.4207	0.4222	0.4236	0.4251	0.4265	0.4279	0.4292	0.4306	0.4319
1.5	0.4332	0.4345	0.4357	0.4370	0.4382	0.4394	0.4406	0.4418	0.4429	0.4441
1.6	0.4452	0.4463	0.4474	0.4484	0.4495	0.4505	0.4515	0.4525	0.4535	0.4545
1.7	0.4554	0.4564	0.4573	0.4582	0.4591	0.4599	0.4608	0.4616	0.4625	0.4633
1.8	0.4641	0.4649	0.4656	0.4664	0.4671	0.4678	0.4686	0.4693	0.4699	0.4706
1.9	0.4713	0.4719	0.4726	0.4732	0.4738	0.4744	0.4750	0.4756	0.4761	0.4767
2.0	0.4772	0.4778	0.4783	0.4788	0.4793	0.4798	0.4803	0.4808	0.4812	0.4817
2.1	0.4821	0.4826	0.4830	0.4834	0.4838	0.4842	0.4846	0.4850	0.4854	0.4857
2.2	0.4861	0.4864	0.4868	0.4871	0.4875	0.4878	0.4881	0.4884	0.4887	0.4890
2.3	0.4893	0.4896	0.4898	0.4901	0.4904	0.4906	0.4909	0.4911	0.4913	0.4916
2.4	0.4918	0.4920	0.4922	0.4925	0.4927	0.4929	0.4931	0.4932	0.4934	0.4936
2.5	0.4938	0.4940	0.4941	0.4943	0.4945	0.4946	0.4948	0.4949	0.4951	0.4952
2.6	0.4953	0.4955	0.4956	0.4957	0.4959	0.4960	0.4961	0.4962	0.4963	0.4964
2.7	0.4965	0.4966	0.4967	0.4968	0.4969	0.4970	0.4971	0.4972	0.4973	0.4974
2.8	0.4974	0.4975	0.4976	0.4977	0.4977	0.4978	0.4979	0.4979	0.4980	0.4981
2.9	0.4981	0.4982	0.4982	0.4983	0.4984	0.4984	0.4985	0.4985	0.4986	0.4986
3.0	0.4987	0.4987	0.4987	0.4988	0.4988	0.4989	0.4989	0.4989	0.4990	0.4990

第4問〜第7問は，いずれか**3問**を選択し，解答しなさい。

第6問 （選択問題） （配点 16）

平面上に三角形 OAB があり，辺 OB を 3:2 に内分する点を C とし，辺 AB の中点を D とする。

$$\overrightarrow{\mathrm{OC}} = \frac{\boxed{ア}}{\boxed{イ}}\overrightarrow{\mathrm{OB}}, \quad \overrightarrow{\mathrm{OD}} = \frac{\boxed{ウ}}{\boxed{エ}}(\overrightarrow{\mathrm{OA}} + \overrightarrow{\mathrm{OB}})$$

である。直線 OD と直線 AC の交点を P とする。

(1) $\overrightarrow{\mathrm{OP}}$ を $\overrightarrow{\mathrm{OA}}$ と $\overrightarrow{\mathrm{OB}}$ で表そう。

実数 s を用いて $\overrightarrow{\mathrm{OP}} = s\overrightarrow{\mathrm{OD}}$ とすると

$$\overrightarrow{\mathrm{OP}} = \frac{\boxed{ウ}}{\boxed{エ}}s\overrightarrow{\mathrm{OA}} + \frac{\boxed{ウ}}{\boxed{エ}}s\overrightarrow{\mathrm{OB}} \qquad \cdots\cdots\cdots\cdots\cdots\cdots ①$$

となる。また，実数 t を用いて $\overrightarrow{\mathrm{AP}} = t\overrightarrow{\mathrm{AC}}$ とすると

$$\overrightarrow{\mathrm{OP}} = \left(\boxed{オ} - t\right)\overrightarrow{\mathrm{OA}} + \frac{\boxed{カ}}{\boxed{キ}}t\overrightarrow{\mathrm{OB}} \qquad \cdots\cdots\cdots\cdots\cdots\cdots ②$$

となる。①，②から s，t の値を求めると

$$s = \frac{\boxed{ク}}{\boxed{ケ}}, \quad t = \frac{\boxed{コ}}{\boxed{サ}}$$

である。よって，

$$\overrightarrow{\mathrm{OP}} = \frac{\boxed{シ}}{\boxed{ス}}(\overrightarrow{\mathrm{OA}} + \overrightarrow{\mathrm{OB}})$$

である。

（数学II，数学B，数学C第6問は次ページに続く。）

(2) 三角形 OAB の重心を G とする。

$$\overrightarrow{\mathrm{OG}} = \frac{\boxed{セ}}{\boxed{ソ}}(\overrightarrow{\mathrm{OA}} + \overrightarrow{\mathrm{OB}})$$

であるから, $\overrightarrow{\mathrm{GP}} = \dfrac{\boxed{タ}}{\boxed{チツ}}\overrightarrow{\mathrm{OD}}$ である。

以下, $\left|\overrightarrow{\mathrm{OA}}\right| = 2$, $\left|\overrightarrow{\mathrm{OB}}\right| = 3$, $\left|\overrightarrow{\mathrm{AB}}\right| = \sqrt{17}$ であるとする。

$$\left|\overrightarrow{\mathrm{AB}}\right|^2 = \left|\overrightarrow{\mathrm{OA}}\right|^2 - \boxed{テ}\,\overrightarrow{\mathrm{OA}} \cdot \overrightarrow{\mathrm{OB}} + \left|\overrightarrow{\mathrm{OB}}\right|^2$$

であるから, $\overrightarrow{\mathrm{OA}} \cdot \overrightarrow{\mathrm{OB}} = \boxed{トナ}$ である。

三角形 OAB の面積は $\boxed{ニ}\sqrt{\boxed{ヌ}}$ であることに着目すると, 三角形 BGP

の面積は $\dfrac{\sqrt{\boxed{ネ}}}{\boxed{ノハ}}$ であることがわかる。

— 91 —

第4問～第7問は，いずれか3問を選択し，解答しなさい。

第7問 （選択問題） （配点 16）

m を実数とする。座標平面上に原点を通る傾き m の直線 ℓ と，点 A$(2, 0)$ を中心とする半径1の円 C がある。円 C と直線 ℓ が異なる2点 P，Q で交わるとき，PQ $= \sqrt{2}$ となるような m の値を求めよう。

直線 ℓ の方程式は $y = mx$ であり，円 C の方程式は $\left(x - \boxed{\text{ア}}\right)^2 + y^2 = \boxed{\text{イ}}$ である。

太郎さんと花子さんは m の値の求め方について話している。

太郎：点 P と点 Q の座標を考えれば求められそうだね。

花子：点 A と直線 ℓ の距離に着目しても求められそうだよ。

---

(1) 太郎さんの求め方について考えてみよう。

点 P と点 Q の x 座標は，x の2次方程式

$$\left(x - \boxed{\text{ア}}\right)^2 + (mx)^2 = \boxed{\text{イ}}$$

すなわち

$$\left(m^2 + \boxed{\text{ウ}}\right)x^2 - \boxed{\text{エ}}\, x + \boxed{\text{オ}} = 0 \quad \cdots\cdots\cdots\cdots\cdots\cdots (*)$$

の実数解である。2次方程式 $(*)$ の判別式を D とすると

$$\frac{D}{4} = \boxed{\text{カ}} - \boxed{\text{キ}}\, m^2$$

であるから，円 C と直線 ℓ が異なる2点で交わるような m の値の範囲は

$$-\sqrt{\dfrac{\boxed{\text{ク}}}{\boxed{\text{ケ}}}} < m < \sqrt{\dfrac{\boxed{\text{ク}}}{\boxed{\text{ケ}}}} \quad \cdots\cdots\cdots\cdots\cdots\cdots\cdots (**)$$

である。以下，(1)では m は $(**)$ を満たすものとする。

（数学Ⅱ，数学B，数学C第7問は次ページに続く。）

(∗) の解は $x = \dfrac{\boxed{コ} \pm \sqrt{\boxed{カ} - \boxed{キ}\,m^2}}{m^2 + \boxed{ウ}}$ である。この実数解を

$\alpha,\ \beta\ (\alpha < \beta)$ とすると，線分 PQ の長さは

$$PQ = \sqrt{m^2 + \boxed{サ}}\,(\beta - \alpha)$$

と表されるから，$PQ = \sqrt{2}$ となるような m の値を求めることができる。

(2) 花子さんの求め方について考えてみよう。

点 A と直線 ℓ の距離を d とすると $d = \dfrac{\left|\,\boxed{シ}\,m\,\right|}{\sqrt{m^{\boxed{ス}} + \boxed{セ}}}$ である。

三角形 APQ が $AP = AQ = 1$ の二等辺三角形であることに注意すると，

$PQ = \sqrt{2}$ のとき $d = \dfrac{\sqrt{\boxed{ソ}}}{\boxed{タ}}$ であるから，これより m の値を求めることがで

きる。

(1)または(2)の考え方を用いることにより，$PQ = \sqrt{2}$ となるような m の値は

$\pm \dfrac{\sqrt{\boxed{チ}}}{\boxed{ツ}}$ であることがわかる。

MEMO

MEMO

河合出版ホームページ
https://www.kawai-publishing.jp
E-mail
kp@kawaijuku.jp

表紙イラスト　阿部伸二（カレラ）
表紙デザイン　岡本 健＋

2025共通テスト総合問題集
数学Ⅱ，数学Ｂ，数学Ｃ

発　行　2024年 6 月10日

編　者　河合塾数学科

発行者　宮本正生

発行所　**株式会社　河合出版**
　　　　［東　京］〒160-0023
　　　　　　　　　東京都新宿区西新宿 7 －15－2
　　　　［名古屋］〒461-0004
　　　　　　　　　名古屋市東区葵 3 －24－2

印刷所　協和オフセット印刷株式会社

製本所　望月製本所

・乱丁本，落丁本はお取り替えいたします。
・編集上のご質問，お問い合わせは，編集部
　までお願いいたします。
（禁無断転載）
ISBN978-4-7772-2810-2

第　回　数学② 解答用紙・第1面

解答科目 数学II, 数学B, 数学C

注意事項

1 問題番号 4 5 6 7 の解答欄は、この用紙の第2面にあります。
2 選択問題は、選択した問題番号の解答欄に解答しなさい。
3 訂正は、消しゴムできれいに消し、消しくずを残してはいけません。
4 所定欄以外にはマークしたり、記入したりしてはいけません。

	良い例	悪い例		

氏名(フリガナ)、クラス、出席番号を記入しなさい。

フリガナ
氏名

クラス　出席番号　番

解答欄 1・2・3（マーク欄：行 ア イ ウ エ オ カ キ ク ケ コ サ シ ス セ ソ タ チ ツ テ ト ナ ニ ヌ ネ ノ ハ ヒ フ ヘ ホ、各行 解答 −0 1 2 3 4 5 6 7 8 9）

第　回　数学②　解答用紙・第２面

注意事項
1　問題番号 1 2 3 の解答欄は、この用紙の第１面にあります。
2　選択問題は、選択した問題番号の解答欄に解答しなさい。

第 回 数学② 解答用紙・第1面

解答科目	数学B, Ⅱ, 数学C

注意事項

1 問題番号 4 5 6 7 の解答欄は、この用紙の第2面にあります。
2 選択問題は、選択した問題番号の解答欄に解答しなさい。
3 訂正は、消しゴムできれいに消し、消しくずを残してはいけません。
4 所定欄以外にはマークしたり、記入したりしてはいけません。

良い例	悪 い 例
●	◐ ◓ ✖ ● ◖

氏名(フリガナ)、クラス、出席番号を記入しなさい。

フリガナ	
氏 名	

クラス	出席番号 番

第　回　数学② 解答用紙・第2面

注意事項
1　問題番号 1 2 3 の解答欄は、この用紙の第1面にあります。
2　選択問題は、選択した問題番号の解答欄に解答しなさい。

第 回 数学② 解答用紙・第1面

解答科目 数学Ⅱ, 数学B, 数学C

注意事項

1 問題番号 4 5 6 7 の解答欄は、この用紙の第2面にあります。
2 選択問題は、選択した問題番号の解答欄に解答しなさい。
3 訂正は、消しゴムできれいに消し、消しくずを残してはいけません。
4 所定欄以外にはマークしたり、記入したりしてはいけません。

	良い例	悪 い 例

氏名（フリガナ）、クラス、出席番号を記入しなさい。

フリガナ

氏名

クラス

出席番号　番

解答欄 1・2・3

各欄マーク：ア イ ウ エ オ カ キ ク ケ コ サ シ ス セ ソ タ チ ツ テ ト ナ ニ ヌ ネ ノ ハ ヒ フ ヘ ホ

各行の選択肢：− 0 1 2 3 4 5 6 7 8 9

第　回　数学② 解答用紙・第 2 面

注意事項
1　問題番号 1 2 3 の解答欄は、この用紙の第 1 面にあります。
2　選択問題は、選択した問題番号の解答欄に解答しなさい。

第　回　数学② 解答用紙・第1面

注意事項

1　問題番号 4 5 6 7 の解答欄は、この用紙の第2面にあります。
2　選択問題は、選択した問題番号の解答欄に解答しなさい。
3　訂正は、消しゴムできれいに消し、消しくずを残してはいけません。
4　所定欄以外にはマークしたり、記入したりしてはいけません。

解答科目　数学B, Ⅱ, 数学C

	良い例	悪　い　例
	●	◑ ● ✖ ◐

氏名(フリガナ)、クラス、出席番号を記入しなさい。　➡

フリガナ	
氏名	

クラス	出席番号	番

1

解答欄　解　−0123456789

ア　イ　ウ　エ　オ　カ　キ　ク　ケ　コ　サ　シ　ス　セ　ソ　タ　チ　ツ　テ　ト　ナ　ニ　ヌ　ネ　ノ　ハ　ヒ　フ　ヘ　ホ

2

解答欄　解　−0123456789

ア　イ　ウ　エ　オ　カ　キ　ク　ケ　コ　サ　シ　ス　セ　ソ　タ　チ　ツ　テ　ト　ナ　ニ　ヌ　ネ　ノ　ハ　ヒ　フ　ヘ　ホ

3

解答欄　解　−0123456789

ア　イ　ウ　エ　オ　カ　キ　ク　ケ　コ　サ　シ　ス　セ　ソ　タ　チ　ツ　テ　ト　ナ　ニ　ヌ　ネ　ノ　ハ　ヒ　フ　ヘ　ホ

第　回　数学② 解答用紙・第2面

注意事項
1 問題番号 1 2 3 の解答欄は、この用紙の第1面にあります。
2 選択問題は、選択した問題番号の解答欄に解答しなさい。

4

解答	欄
ア	- 0 1 2 3 4 5 6 7 8 9
イ	- 0 1 2 3 4 5 6 7 8 9
ウ	- 0 1 2 3 4 5 6 7 8 9
エ	- 0 1 2 3 4 5 6 7 8 9
オ	- 0 1 2 3 4 5 6 7 8 9
カ	- 0 1 2 3 4 5 6 7 8 9
キ	- 0 1 2 3 4 5 6 7 8 9
ク	- 0 1 2 3 4 5 6 7 8 9
ケ	- 0 1 2 3 4 5 6 7 8 9
コ	- 0 1 2 3 4 5 6 7 8 9
サ	- 0 1 2 3 4 5 6 7 8 9
シ	- 0 1 2 3 4 5 6 7 8 9
ス	- 0 1 2 3 4 5 6 7 8 9
セ	- 0 1 2 3 4 5 6 7 8 9
ソ	- 0 1 2 3 4 5 6 7 8 9
タ	- 0 1 2 3 4 5 6 7 8 9
チ	- 0 1 2 3 4 5 6 7 8 9
ツ	- 0 1 2 3 4 5 6 7 8 9
テ	- 0 1 2 3 4 5 6 7 8 9
ト	- 0 1 2 3 4 5 6 7 8 9
ナ	- 0 1 2 3 4 5 6 7 8 9
ニ	- 0 1 2 3 4 5 6 7 8 9
ヌ	- 0 1 2 3 4 5 6 7 8 9
ネ	- 0 1 2 3 4 5 6 7 8 9
ノ	- 0 1 2 3 4 5 6 7 8 9
ハ	- 0 1 2 3 4 5 6 7 8 9
ヒ	- 0 1 2 3 4 5 6 7 8 9
フ	- 0 1 2 3 4 5 6 7 8 9
ヘ	- 0 1 2 3 4 5 6 7 8 9
ホ	- 0 1 2 3 4 5 6 7 8 9

5

解答	欄
ア	- 0 1 2 3 4 5 6 7 8 9
イ	- 0 1 2 3 4 5 6 7 8 9
ウ	- 0 1 2 3 4 5 6 7 8 9
エ	- 0 1 2 3 4 5 6 7 8 9
オ	- 0 1 2 3 4 5 6 7 8 9
カ	- 0 1 2 3 4 5 6 7 8 9
キ	- 0 1 2 3 4 5 6 7 8 9
ク	- 0 1 2 3 4 5 6 7 8 9
ケ	- 0 1 2 3 4 5 6 7 8 9
コ	- 0 1 2 3 4 5 6 7 8 9
サ	- 0 1 2 3 4 5 6 7 8 9
シ	- 0 1 2 3 4 5 6 7 8 9
ス	- 0 1 2 3 4 5 6 7 8 9
セ	- 0 1 2 3 4 5 6 7 8 9
ソ	- 0 1 2 3 4 5 6 7 8 9
タ	- 0 1 2 3 4 5 6 7 8 9
チ	- 0 1 2 3 4 5 6 7 8 9
ツ	- 0 1 2 3 4 5 6 7 8 9
テ	- 0 1 2 3 4 5 6 7 8 9
ト	- 0 1 2 3 4 5 6 7 8 9
ナ	- 0 1 2 3 4 5 6 7 8 9
ニ	- 0 1 2 3 4 5 6 7 8 9
ヌ	- 0 1 2 3 4 5 6 7 8 9
ネ	- 0 1 2 3 4 5 6 7 8 9
ノ	- 0 1 2 3 4 5 6 7 8 9
ハ	- 0 1 2 3 4 5 6 7 8 9
ヒ	- 0 1 2 3 4 5 6 7 8 9
フ	- 0 1 2 3 4 5 6 7 8 9
ヘ	- 0 1 2 3 4 5 6 7 8 9
ホ	- 0 1 2 3 4 5 6 7 8 9

6

解答	欄
ア	- 0 1 2 3 4 5 6 7 8 9
イ	- 0 1 2 3 4 5 6 7 8 9
ウ	- 0 1 2 3 4 5 6 7 8 9
エ	- 0 1 2 3 4 5 6 7 8 9
オ	- 0 1 2 3 4 5 6 7 8 9
カ	- 0 1 2 3 4 5 6 7 8 9
キ	- 0 1 2 3 4 5 6 7 8 9
ク	- 0 1 2 3 4 5 6 7 8 9
ケ	- 0 1 2 3 4 5 6 7 8 9
コ	- 0 1 2 3 4 5 6 7 8 9
サ	- 0 1 2 3 4 5 6 7 8 9
シ	- 0 1 2 3 4 5 6 7 8 9
ス	- 0 1 2 3 4 5 6 7 8 9
セ	- 0 1 2 3 4 5 6 7 8 9
ソ	- 0 1 2 3 4 5 6 7 8 9
タ	- 0 1 2 3 4 5 6 7 8 9
チ	- 0 1 2 3 4 5 6 7 8 9
ツ	- 0 1 2 3 4 5 6 7 8 9
テ	- 0 1 2 3 4 5 6 7 8 9
ト	- 0 1 2 3 4 5 6 7 8 9
ナ	- 0 1 2 3 4 5 6 7 8 9
ニ	- 0 1 2 3 4 5 6 7 8 9
ヌ	- 0 1 2 3 4 5 6 7 8 9
ネ	- 0 1 2 3 4 5 6 7 8 9
ノ	- 0 1 2 3 4 5 6 7 8 9
ハ	- 0 1 2 3 4 5 6 7 8 9
ヒ	- 0 1 2 3 4 5 6 7 8 9
フ	- 0 1 2 3 4 5 6 7 8 9
ヘ	- 0 1 2 3 4 5 6 7 8 9
ホ	- 0 1 2 3 4 5 6 7 8 9

7

解答	欄
ア	- 0 1 2 3 4 5 6 7 8 9
イ	- 0 1 2 3 4 5 6 7 8 9
ウ	- 0 1 2 3 4 5 6 7 8 9
エ	- 0 1 2 3 4 5 6 7 8 9
オ	- 0 1 2 3 4 5 6 7 8 9
カ	- 0 1 2 3 4 5 6 7 8 9
キ	- 0 1 2 3 4 5 6 7 8 9
ク	- 0 1 2 3 4 5 6 7 8 9
ケ	- 0 1 2 3 4 5 6 7 8 9
コ	- 0 1 2 3 4 5 6 7 8 9
サ	- 0 1 2 3 4 5 6 7 8 9
シ	- 0 1 2 3 4 5 6 7 8 9
ス	- 0 1 2 3 4 5 6 7 8 9
セ	- 0 1 2 3 4 5 6 7 8 9
ソ	- 0 1 2 3 4 5 6 7 8 9
タ	- 0 1 2 3 4 5 6 7 8 9
チ	- 0 1 2 3 4 5 6 7 8 9
ツ	- 0 1 2 3 4 5 6 7 8 9
テ	- 0 1 2 3 4 5 6 7 8 9
ト	- 0 1 2 3 4 5 6 7 8 9
ナ	- 0 1 2 3 4 5 6 7 8 9
ニ	- 0 1 2 3 4 5 6 7 8 9
ヌ	- 0 1 2 3 4 5 6 7 8 9
ネ	- 0 1 2 3 4 5 6 7 8 9
ノ	- 0 1 2 3 4 5 6 7 8 9
ハ	- 0 1 2 3 4 5 6 7 8 9
ヒ	- 0 1 2 3 4 5 6 7 8 9
フ	- 0 1 2 3 4 5 6 7 8 9
ヘ	- 0 1 2 3 4 5 6 7 8 9
ホ	- 0 1 2 3 4 5 6 7 8 9

河合塾
SERIES

2025共通テスト総合問題集

数学Ⅱ, 数学B, 数学C

河合塾 編

解答・解説編

河合出版

第
1
回

第1回 解答・解説

(100点満点)

問題番号	解答記号	正　解	配点	自己採点
第1問	ア	0	1	
	イ	2	1	
	ウ, エ	0, 2	2	
	オ	2	1	
	カ	3	2	
	キ, ク	2, 3	2	
	ケ	2	3	
	コ	4	3	
第1問　自己採点小計			(15)	
第2問	$2^{ア}$	2^7	1	
	$6^{イ}$	6^3	1	
	ウ	0	2	
	エ	4	3	
	オカ	12	1	
	キ	2	1	
	クケ	37	2	
	コ	2	2	
	サシ	12	2	
第2問　自己採点小計			(15)	

問題番号	解答記号	正　解	配点	自己採点
第3問	ア, イ	3, 6	1	
	ウ	0	1	
	エ	2	1	
	オ	9	1	
	カ	1	1	
	キ	5	2	
	ク	2	2	
	ケコ	32	3	
	サ	1	1	
	$\dfrac{シ}{ス}k$	$\dfrac{4}{3}k$	3	
	$\dfrac{セ}{k}$	$\dfrac{1}{k}$	2	
	$\dfrac{\sqrt{ソ}}{タ}$	$\dfrac{\sqrt{3}}{2}$	2	
	$\dfrac{チ\sqrt{ツ}}{テ}$	$\dfrac{4\sqrt{3}}{3}$	2	
第3問　自己採点小計			(22)	
第4問	ア	3	1	
	イ	3	1	
	ウ	2	2	
	エオ	15	1	
	カキ	43	1	
	クケ	19	1	
	コ	5	2	
	サシ	16	1	
	スセソタ	1096	3	
	チ, ツ, テ, ト	0, 9, 1, 7	3	
第4問　自己採点小計			(16)	

― 2 ―

第1回

問題番号	解答記号	正解	配点	自己採点
第5問	$\dfrac{ア}{イ}$	$\dfrac{1}{5}$	1	
	$\dfrac{ウ}{エ}$	$\dfrac{3}{5}$	1	
	オ	1	2	
	$\dfrac{カ}{キ}$	$\dfrac{2}{5}$	2	
	ク	3	1	
	ケコ	10	2	
	サ	8	2	
	シ, スセ	2, 50	1	
	ソタ	70	2	
	$チ\sqrt{ツ}$	$4\sqrt{2}$	2	
第5問 自己採点小計			(16)	
第6問	$\dfrac{ア}{イ}$	$\dfrac{1}{2}$	1	
	$\dfrac{ウ}{エ}$	$\dfrac{1}{2}$	1	
	$\dfrac{オ}{カ}$, $\dfrac{キ}{ク}$	$\dfrac{1}{4}$, $\dfrac{1}{4}$	1	
	$\dfrac{ケ}{コ} - \dfrac{k}{サ}$	$\dfrac{3}{4} - \dfrac{k}{2}$	1	
	$\dfrac{k}{シ}$	$\dfrac{k}{4}$	1	
	$\dfrac{ス}{セ}$	$\dfrac{3}{2}$	3	
	$\dfrac{ソ}{タ}$	$\dfrac{3}{8}$	2	
	$\dfrac{チ}{ツ}$, テ	$\dfrac{1}{4}$, 5	3	
	$\dfrac{ト\sqrt{ナニ}}{ヌ}$	$\dfrac{5\sqrt{17}}{8}$	3	
第6問 自己採点小計			(16)	

問題番号	解答記号	正解	配点	自己採点
第7問	ア	4	1	
	イ	4	1	
	ウ	2	2	
	エ	2	1	
	オ	6	1	
	$\dfrac{カキ}{ク}$	$\dfrac{-1}{6}$	1	
	$\dfrac{ケ}{コ}$	$\dfrac{1}{6}$	1	
	$\dfrac{サ}{シス}$	$\dfrac{1}{12}$	2	
	$\dfrac{セ}{ソタ}$	$\dfrac{5}{12}$	2	
	チツ	39	4	
第7問 自己採点小計			(16)	
自己採点合計			(100)	

(注)　第1問~第3問は必答。第4問~第7問の
　　　うちから3問選択。計6問を解答。

第1問 三角関数

(1) $\cos\dfrac{\pi}{3} = \dfrac{1}{2}$ （ ⓪ ），$\sin\dfrac{\pi}{3} = \dfrac{\sqrt{3}}{2}$ （ ② ）であるから，三角関数の加法定理により

$$\cos\left(\theta + \dfrac{\pi}{3}\right) = \cos\theta\cos\dfrac{\pi}{3} - \sin\theta\sin\dfrac{\pi}{3}$$
$$= \dfrac{1}{2}\cos\theta - \dfrac{\sqrt{3}}{2}\sin\theta \quad (\boxed{⓪}, \boxed{②})$$

である．

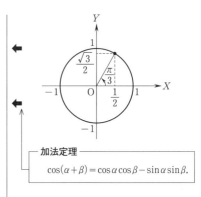

加法定理
$$\cos(\alpha+\beta) = \cos\alpha\cos\beta - \sin\alpha\sin\beta.$$

(2) 三角関数の合成により

$$\sin\theta + \sqrt{3}\cos\theta = \boxed{2}\sin\left(\theta + \dfrac{\pi}{\boxed{3}}\right)$$

である．

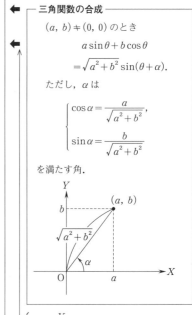

三角関数の合成

$(a, b) \neq (0, 0)$ のとき
$$a\sin\theta + b\cos\theta = \sqrt{a^2 + b^2}\sin(\theta + \alpha).$$
ただし，α は
$$\begin{cases} \cos\alpha = \dfrac{a}{\sqrt{a^2+b^2}}, \\ \sin\alpha = \dfrac{b}{\sqrt{a^2+b^2}} \end{cases}$$
を満たす角．

(3) (1)より

$$\cos\theta - \sqrt{3}\sin\theta = 2\left(\dfrac{1}{2}\cos\theta - \dfrac{\sqrt{3}}{2}\sin\theta\right)$$
$$= 2\cos\left(\theta + \dfrac{\pi}{3}\right)$$

であるから，(2)の結果と合わせて，点Pの座標は

$$\left(\boxed{2}\cos\left(\theta + \dfrac{\pi}{\boxed{3}}\right),\ 2\sin\left(\theta + \dfrac{\pi}{3}\right)\right)$$

と表せる．

θ が $0 \leqq \theta \leqq \dfrac{\pi}{2}$ の範囲を動くとき，$\dfrac{\pi}{3} \leqq \theta + \dfrac{\pi}{3} \leqq \dfrac{5\pi}{6}$ であるから，点Pの描く図形 K は，点Pが原点Oを中心とする半径2の円周上を，点$\mathrm{A}\left(2\cos\dfrac{\pi}{3},\ 2\sin\dfrac{\pi}{3}\right)$ から点 $\mathrm{B}\left(2\cos\dfrac{5\pi}{6},\ 2\sin\dfrac{5\pi}{6}\right)$，すなわち点 $\mathrm{A}(1,\sqrt{3})$ から点 $\mathrm{B}(-\sqrt{3},\ 1)$ へ反時計回りに進んだときに描く弧である．

（ ② ）

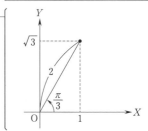

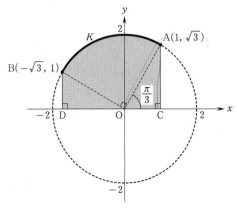

A から x 軸に下ろした垂線と x 軸の交点を C, B から x 軸に下ろした垂線と x 軸の交点を D とする.

K と 2 直線 $x=1$, $x=-\sqrt{3}$ および x 軸で囲まれた図形の面積は

$$（扇形 OAB の面積）+ \triangle OAC + \triangle OBD$$
$$= \frac{1}{2} \cdot 2^2 \cdot \frac{\pi}{2} + \frac{1}{2} \cdot 1 \cdot \sqrt{3} + \frac{1}{2} \cdot \sqrt{3} \cdot 1$$
$$= \pi + \sqrt{3} \quad (\boxed{④})$$

である.

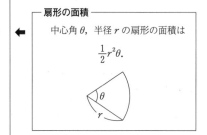

― 扇形の面積 ―
中心角 θ, 半径 r の扇形の面積は
$$\frac{1}{2}r^2\theta.$$

第2問　指数関数・対数関数

(1)(i)　$a = \dfrac{7}{3}$，$b = \log_2 6$　とする.

$$a - b = \frac{1}{3}(7 - 3\log_2 6) = \frac{1}{3}(7\log_2 2 - 3\log_2 6)$$

$$= \frac{1}{3}\left(\log_2 2^{\boxed{7}} - \log_2 6^{\boxed{3}}\right)$$

← $\log_2 2 = 1$.

　　$a > 0$，$a \neq 1$，$M > 0$ のとき，

　　　$\log_a M^p = p\log_a M$　（p：実数）.

となる. ここで，

$$2^7 < 6^3$$

← $2^7 = 128$，$6^3 = 216$.

なので，両辺の 2 を底とする対数を考えることにより

$$\log_2 2^7 < \log_2 6^3$$

← $a > 1$ のとき，

　　$M > N > 0 \iff \log_a M > \log_a N$.

である. よって

$$a - b < 0 \quad \text{つまり} \quad a < b$$

となり，$\boxed{\text{ウ}}$ には $\boxed{0}$ が当てはまる.

(ii)　$a = \dfrac{7}{3}$，$b = \log_2 6$，$c = \sqrt{5}$　とする.

$$a - c = \frac{1}{3}\left(7 - 3\sqrt{5}\right)$$

$$= \frac{1}{3}\left(\sqrt{49} - \sqrt{45}\right)$$

$$> 0$$

← 正の数 a，c について，

　　$a^2 = \dfrac{49}{9} > 5$，　$c^2 = 5$

であることから，a と c の大小を判定し
てもよい.

なので

$$c < a.$$

　(i)の結果と合わせると，3 つの数 a，b，c の大小関係について

$$c < a < b$$

が成り立つので，$\boxed{\text{エ}}$ には $\boxed{4}$ が当てはまる.

(2)　n を自然数とする. 2^n が 12 桁の整数であるならば

$$10^{\boxed{12}-1} \leqq 2^n < 10^{12}$$

← 正の整数 M について，

　　　　M が n 桁の整数

　　　　$\iff 10^{n-1} \leqq M < 10^n$.

なので，各辺の 10 を底とする対数をとると

$$\log_{10} 10^{12-1} \leqq \log_{10} 2^n < \log_{10} 10^{12}$$

となる. これより

$$12 - 1 \leqq n\log_{10} \boxed{2} < 12$$

つまり

$$11 \leqq n\log_{10} 2 < 12$$

である.

　変形して

$$\frac{11}{\log_{10} 2} \leqq n < \frac{12}{\log_{10} 2}. \qquad \cdots (*)$$

← $\log_{10} 2 > 0$ なので，各辺を $\log_{10} 2$ で
割っても不等号の向きは変わらない.

ここで，$\log_{10} 2 = 0.3010$ であるとすると

$$\frac{11}{\log_{10} 2} = 36.54\cdots, \quad \frac{12}{\log_{10} 2} = 39.86\cdots$$

— 6 —

なので，(∗)を満たす自然数 n のうち最小のものは

$$\boxed{37}$$

である．

次に，2^{37} の一の位の数を求める．

n	1	2	3	4	5	6	7	8	9	$\cdots$
2^n	2	4	8	16	32	64	128	256	512	$\cdots$
2^n の一の位の数	2	4	8	6	2	4	8	6	2	$\cdots$

上の表から，2^n の一の位の数を n が小さい順に並べると，4 個の数

$$2,\ 4,\ 8,\ 6$$

が繰り返し現れることがわかる．ここで

$$37 = 4 \times 9 + 1$$

なので，2^{37} の一の位の数は $\boxed{2}$ であることがわかり，このような数に 7 を加えても一の位の数が 9 となるだけで桁数は変わらないので $2^{37}+7$ の桁数は $\boxed{12}$ である．

← 条件を満たす自然数 n は
$$n = 37,\ 38,\ 39$$
である．

← $2^{n+4} - 2^n = 2^n(16-1)$
$$= 2^{n-1} \cdot 30$$
であるので，
$$2^{n+4} = (10 \text{ の倍数}) + 2^n$$
となり，2^n の一の位の数は 2^{n+4} の一の位の数に等しい．

← 2^{37} の桁数に等しい．

— 7 —

第3問　微分法・積分法

[1]　$f(x) = x^3 - 3x^2 - 6$ より
$$f'(x) = \boxed{3}x^2 - \boxed{6}x$$
$$= 3x(x-2)$$
であるから，$f(x)$ の増減は次のようになる．

x	$\cdots$	0	$\cdots$	2	$\cdots$
$f'(x)$	+	0	−	0	+
$f(x)$	↗	−6	↘	−10	↗

$f(x)$ は $x = \boxed{0}$ で極大値 -6 をとり，$x = \boxed{2}$ で極小値 -10 をとる．

C 上の点 $(-1, f(-1))$ すなわち点 $(-1, -10)$ における C の接線 ℓ の傾きは $f'(-1) = 9$ である．したがって，ℓ の方程式は
$$y = 9(x+1) - 10 \quad \text{すなわち} \quad y = \boxed{9}x - \boxed{1}$$
である．

$g(x) = 9x - 1$ とおく．

C と ℓ の共有点の x 座標は方程式
$$x^3 - 3x^2 - 6 = 9x - 1$$
の実数解である．この方程式は
$$x^3 - 3x^2 - 9x - 5 = 0$$
と変形できる．さらに，これは
$$(x+1)^2(x-5) = 0$$
と変形できるので，C と ℓ の共有点の x 座標は -1 と $\boxed{5}$ である．

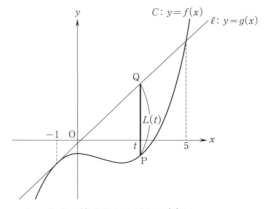

$-1 < t < 5$ のとき，線分 PQ の長さ $L(t)$ は
$$L(t) = g(t) - f(t) \quad (\boxed{②})$$
$$= -t^3 + 3t^2 + 9t + 5$$
である．

したがって

$f'(x)$ の符号は $y = 3x(x-2)$ のグラフを考えるとわかりやすい．

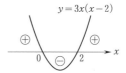

接線の方程式

$C : y = f(x)$ とする．

点 $(t, f(t))$ における曲線 C の接線の傾きは $f'(t)$ であり，接線の方程式は
$$y = f'(t)(x - t) + f(t)$$
である．

$f(x) = g(x)$．

この方程式は $x = -1$ を重解にもつ．

グラフからわかるように，$-1 < t < 5$ のとき，$g(t) > f(t)$ が成り立つ．

点 Q と点 P の y 座標の差が $L(t)$ である．

$$L'(t)=-3t^2+6t+9=-3(t+1)(t-3)$$

であるから，$-1<t<5$ における $L(t)$ の増減は次のようになる．

t	(-1)	$\cdots$	3	$\cdots$	(5)
$L'(t)$		$+$	0	$-$	
$L(t)$	(0)	↗	32	↘	(0)

よって，$L(t)$ の最大値は $\boxed{32}$ である．

← $L'(t)$ の符号は $y=L'(t)$ のグラフを考えるとわかりやすい．

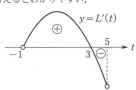

[2] $k>0$ なので，D は上に凸の放物線である．
　$h(x)=k(1-x^2)$ であるから，$h(x)=0$ とすると $x=\pm 1$ である．
　したがって，点 A の x 座標は $\boxed{1}$ である．
　よって，S は次の図の影の部分の面積である．

← 点 B の x 座標は -1 である．

──面積──
$a \leqq x \leqq b$ でつねに $f(x) \geqq 0$ が成り立つとき，図の影の部分の面積 S は
$$S=\int_a^b f(x)\,dx.$$

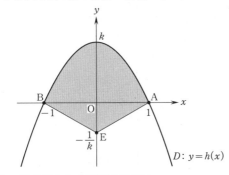

曲線 D と x 軸で囲まれた図形の面積は
$$\int_{-1}^{1}(-kx^2+k)\,dx=\left[-\frac{k}{3}x^3+kx\right]_{-1}^{1}$$
$$=-\frac{k}{3}\{1^3-(-1)^3\}+k\{1-(-1)\}$$
$$=\boxed{\frac{4}{3}}k$$

である．S はこの面積に △EAB の面積を加えたものであるから
$$S=\frac{4}{3}k+\frac{1}{2}\times 2\times\frac{1}{k}$$
$$=\frac{4}{3}k+\boxed{\frac{1}{k}}$$

である．$k>0$ であるから，相加平均と相乗平均の関係より
$$\frac{4}{3}k+\frac{1}{k}\geqq 2\sqrt{\frac{4}{3}k\cdot\frac{1}{k}} \quad \text{すなわち} \quad S\geqq\frac{4\sqrt{3}}{3}$$

であり，等号は
　「$\dfrac{4}{3}k=\dfrac{1}{k}$ かつ $k>0$」　すなわち　$k=\dfrac{\sqrt{3}}{2}$
のときに成立する．

← 公式
$$\int_{\alpha}^{\beta}(x-\alpha)(x-\beta)\,dx=-\frac{1}{6}(\beta-\alpha)^3$$
を用いて
$$\begin{cases}\int_{-1}^{1}(-kx^2+k)\,dx\\=-k\int_{-1}^{1}(x+1)(x-1)\,dx\\=-k\cdot\left(-\dfrac{1}{6}\right)\{1-(-1)\}^3\\=\dfrac{4}{3}k\end{cases}$$
としてもよい．

──相加平均と相乗平均の関係──
正の数 a，b に対し
$$\frac{a+b}{2}\geqq\sqrt{ab}$$
が成り立つ．等号は $a=b$ のときに限り成り立つ．

この不等式は $a+b\geqq 2\sqrt{ab}$ の形で用いることが多い．

したがって，S は $k=\dfrac{\sqrt{\boxed{3}}}{\boxed{2}}$ で最小値 $\dfrac{\boxed{4}\sqrt{\boxed{3}}}{\boxed{3}}$ を

とる.

第4問　数列

　数列 $\{a_n\}$ は，初項 a_1 が 1，公差が d の等差数列であるから，一般項は

$$a_n = 1 + (n-1)d$$

である．

　これより，$a_4 = 1 + \boxed{3}\,d$ であるから，$a_4 = 10$ のとき

$$1 + 3d = 10$$
$$d = \boxed{3}$$

である．よって，数列 $\{a_n\}$ の一般項は

$$a_n = 1 + (n-1)\cdot 3$$
$$= 3n - \boxed{2}$$

である．

　数列 $\{b_n\}$ の一般項は $b_n = 2^{n-1}$ であるから，数列 $\{b_n\}$ は初項 b_1 が 1，公比が 2 の等比数列である．等比数列 $\{b_n\}$ の初項から第 n 項までの和は

$$b_1 + b_2 + b_3 + \cdots + b_n = \frac{1 \cdot (2^n - 1)}{2 - 1} = 2^n - 1 \qquad \cdots ①$$

である．

(1)　数列 $\{a_n\}$ の初項から第 4 群の最後の項までの項数は，① より

$$b_1 + b_2 + b_3 + b_4 = 2^4 - 1$$
$$= 15$$

である．よって，第 4 群の最後の項は，数列 $\{a_n\}$ の第 $\boxed{15}$ 項であり

$$a_{15} = 3 \cdot 15 - 2 = \boxed{43}$$

である．

(2)　$a_m = 55$ を満たす m は，$3m - 2 = 55$ より

$$m = \boxed{19}$$

である．

　ここで，(1) より，数列 $\{a_n\}$ の初項から第 5 群の最初の項までの項数は

$$(b_1 + b_2 + b_3 + b_4) + 1 = 15 + 1 = 16 \qquad \cdots ②$$

であり，数列 $\{a_n\}$ の初項から第 5 群の最後の項までの項数は，① より

$$b_1 + b_2 + b_3 + b_4 + b_5 = 2^5 - 1 = 31 \qquad \cdots ③$$

であるから，a_{19} は第 $\boxed{5}$ 群に含まれる．

　第 5 群の最初の項は ② より $a_{\boxed{16}}$ であり，最後の項は ③ より a_{31} である．

等差数列の一般項

　初項 a，公差 d の等差数列 $\{a_n\}$ の一般項は

$$a_n = a + (n-1)d.$$

等比数列の一般項

　初項 b，公比 r の等比数列 $\{b_n\}$ の一般項は

$$b_n = br^{n-1}.$$

等比数列の和

　初項 b，公比 r，項数 n の等比数列の和は，$r \neq 1$ のとき

$$\frac{b(r^n - 1)}{r - 1}.$$

k	1	2	3	4
第 k 群の項数	b_1 ‖ 2^0	b_2 ‖ 2^1	b_3 ‖ 2^2	b_4 ‖ 2^3

第 5 群の最初の項
↓

$$\cdots,\ a_{15} \mid a_{16},\ \cdots,\ a_{19},\ \cdots,\ a_{31} \mid \cdots$$

第 4 群　　　　第 5 群

k	1	2	3	4	5
第 k 群の項数	b_1 ‖ 2^0	b_2 ‖ 2^1	b_3 ‖ 2^2	b_4 ‖ 2^3	b_5 ‖ 2^4

よって，第5群に含まれる項の総和 T_5 は

$$初項\ a_{16} = 3 \cdot 16 - 2 = 46,$$
$$末項\ a_{31} = 3 \cdot 31 - 2 = 91,$$
$$項数\ b_5 = 2^4 = 16$$

の等差数列の和となるから

$$T_5 = \frac{16}{2}(46 + 91) = \boxed{1096}$$

である.

(3) $k \geq 2$ のとき，数列 $\{a_n\}$ の初項から第 $(k-1)$ 群の最後の項までの項数は，① より

$$b_1 + b_2 + b_3 + \cdots + b_{k-1} = 2^{k-1} - 1$$

であるから，数列 $\{a_n\}$ の初項から第 k 群の最初の項までの項数は

$$(2^{k-1} - 1) + 1 = 2^{k-1}$$

である．これは $k = 1$ のときも成り立つ．よって，第 k 群の最初の項は $a_{2^{k-1}}$ である.

また，数列 $\{a_n\}$ の初項から第 k 群の最後の項までの項数は，① より

$$b_1 + b_2 + b_3 + \cdots + b_k = 2^k - 1$$

である．よって，第 k 群の最後の項は $a_{2^k - 1}$ である.

したがって，第 k 群に含まれる項の総和 T_k は

$$初項\ a_{2^{k-1}} = 3 \cdot 2^{k-1} - 2,$$
$$末項\ a_{2^k - 1} = 3(2^k - 1) - 2 = 3 \cdot 2^k - 5,$$
$$項数\ b_k = 2^{k-1}$$

の等差数列の和となるから

$$T_k = \frac{2^{k-1}}{2}\{(3 \cdot 2^{k-1} - 2) + (3 \cdot 2^k - 5)\}$$
$$= 2^{k-2}(\boxed{9} \cdot 2^{k-1} - \boxed{7}) \quad (\boxed{0}, \boxed{1})$$

である.

> 第5群は次のようになる.
>
> $$\overbrace{a_{16},\ a_{17},\ a_{18},\ \cdots\cdots,\ a_{31}}^{16 個}$$
> $$\ \ \underset{46}{\parallel} \qquad\qquad\qquad \underset{91}{\parallel}$$

等差数列の和

初項 a，末項 ℓ，項数 n の等差数列の和は

$$\frac{n}{2}(a + \ell).$$

$$\cdots,\ a_{2^{k-1}-1} \mid a_{2^{k-1}},\ a_{2^{k-1}+1},\ \cdots,\ a_{2^k-1} \mid \cdots$$
$$第 (k-1) 群 \qquad 第 k 群$$

第 k 群は次のようになる.

$$\overbrace{a_{2^{k-1}},\ a_{2^{k-1}+1},\ \cdots\cdots,\ a_{2^k-1}}^{2^{k-1} 個}$$
$$\underset{3 \cdot 2^{k-1} - 2}{\parallel} \qquad\qquad\qquad \underset{3 \cdot 2^k - 5}{\parallel}$$

$2^k = 2 \cdot 2^{k-1}.$

第5問 統計的な推測

(1) 3個の球の取り出し方は $_6C_3$ 通りあり，これらは同様に確からしい．このうち $Y=0$ となるのは，白球3個を取り出す場合であるから，$_4C_3$ 通りある．よって

$$P(Y=0) = \frac{_4C_3}{_6C_3} = \frac{4}{20} = \boxed{\frac{1}{5}}$$

である．

$Y=1$ となるのは，赤球1個と白球2個を取り出す場合であるから，$_2C_1 \times _4C_2$ 通りある．よって

$$P(Y=1) = \frac{_2C_1 \times _4C_2}{_6C_3} = \frac{2\times 6}{20} = \boxed{\frac{3}{5}}$$

である．

同様に

$$P(Y=2) = \frac{_2C_2 \times _4C_1}{_6C_3} = \frac{1\times 4}{20} = \frac{1}{5}$$

である．

確率変数 Y の確率分布は次のようになる．

Y	0	1	2	計
P	$\frac{1}{5}$	$\frac{3}{5}$	$\frac{1}{5}$	1

したがって，Y の平均(期待値)は

$$0\cdot\frac{1}{5} + 1\cdot\frac{3}{5} + 2\cdot\frac{1}{5} = \boxed{1}$$

であり，Y の分散は

$$\left(0^2\cdot\frac{1}{5} + 1^2\cdot\frac{3}{5} + 2^2\cdot\frac{1}{5}\right) - 1^2 = \frac{7}{5} - 1 = \boxed{\frac{2}{5}}$$

である．

(2) 試行 T を1回行ったとき，$Y=0$ となる確率は $\frac{1}{5}$ である．T を繰り返し50回行ったとき，$Y=0$ となった回数が W であるから

$$P(W=r) = {}_{50}C_r\left(\frac{1}{5}\right)^r\left(\frac{4}{5}\right)^{50-r} \quad (r=0,1,2,\cdots,50)$$

であり，確率変数 W は二項分布 $B\left(50, \frac{1}{5}\right)$ （ $\boxed{③}$ ）に従う．よって，W の平均 $E(W)$ は

$_6C_3 = \frac{6\cdot 5\cdot 4}{3\cdot 2\cdot 1} = 20,$

$_4C_3 = {}_4C_1 = 4.$

Y のとり得る値は
$$0,\ 1,\ 2$$
であるから
$$P(Y=2)$$
$$= 1 - \{P(Y=0) + P(Y=1)\}$$
$$= 1 - \left(\frac{1}{5} + \frac{3}{5}\right)$$
$$= \frac{1}{5}$$
と求めてもよい．

— 平均(期待値)，分散 —

確率変数 X のとり得る値を
$$x_1,\ x_2,\ \cdots,\ x_n$$
とし，X がこれらの値をとる確率を
それぞれ
$$p_1,\ p_2,\ \cdots,\ p_n$$
とすると，X の平均(期待値) $E(X)$ は
$$E(X) = \sum_{k=1}^{n} x_k p_k$$
であり，X の分散 $V(X)$ は $E(X)=m$ として
$$V(X) = \sum_{k=1}^{n}(x_k-m)^2 p_k \ \cdots ①$$
または
$$V(X) = E(X^2) - \{E(X)\}^2 \ \cdots ②$$

ここでは ② を用いた．

— 二項分布 —

n を自然数，$0<p<1$ とする．
確率変数 X のとり得る値が
$$0,\ 1,\ 2,\ \cdots,\ n$$
であり，X の確率分布が
$$P(X=r) = {}_nC_r p^r(1-p)^{n-r}$$
$$(r=0,1,2,\cdots,n)$$
であるとき，この確率分布を二項分布といい，$B(n,p)$ で表す．また，確率変数 X は二項分布 $B(n,p)$ に従うという．

$$E(W) = 50 \cdot \frac{1}{5} = \boxed{10}$$

であり，W の分散 $V(W)$ は

$$V(W) = 50 \cdot \frac{1}{5} \cdot \frac{4}{5} = \boxed{8}$$

である．

50回後の得点の合計 Z は

$$Z = 3 \cdot W + 1 \cdot (50 - W)$$
$$= \boxed{2} W + \boxed{50}$$

と表されるから，確率変数 Z の平均 $E(Z)$ は

$$E(Z) = E(2W + 50)$$
$$= 2E(W) + 50$$
$$= 2 \cdot 10 + 50$$
$$= \boxed{70}$$

である．また，Z の分散 $V(Z)$ は

$$V(Z) = V(2W + 50)$$
$$= 2^2 V(W)$$
$$= 2^2 \cdot 8$$

であるから，Z の標準偏差 $\sigma(Z)$ は

$$\sigma(Z) = \sqrt{V(Z)} = \sqrt{2^2 \cdot 8} = \boxed{4} \sqrt{\boxed{2}}$$

である．

← ┌─ 二項分布の平均，分散 ─
　　確率変数 X が二項分布 $B(n, p)$
　　に従うとき，$q = 1 - p$ とすると
$$E(X) = np$$
$$V(X) = npq.$$

← ┌─ 平均の性質 ─
　　確率変数 X と定数 a, b に対して
$$E(aX + b) = aE(X) + b.$$

← ┌─ 分散の性質 ─
　　確率変数 X と定数 a, b に対して
$$V(aX + b) = a^2 V(X).$$

第6問 ベクトル

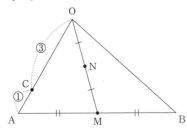

辺 OA を 3:1 に内分する点が C であり，辺 AB の中点が M であるから

$$\vec{OC} = \frac{3}{4}\vec{OA},$$

$$\vec{OM} = \boxed{\frac{1}{2}}(\vec{OA} + \vec{OB})$$

である．また，線分 OM の中点が N であるから

$$\vec{ON} = \boxed{\frac{1}{2}}\vec{OM}$$

$$= \frac{1}{2} \cdot \frac{1}{2}(\vec{OA} + \vec{OB})$$

$$= \boxed{\frac{1}{4}}\vec{OA} + \boxed{\frac{1}{4}}\vec{OB}$$

である．

← ─ 内分点 ─

線分 AB を $m:n$ に内分する点を P とすると

$$\vec{OP} = \frac{n\vec{OA} + m\vec{OB}}{m+n}.$$

特に P が線分 AB の中点のとき

$$\vec{OP} = \frac{\vec{OA} + \vec{OB}}{2}.$$

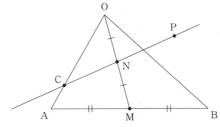

点 P が直線 CN 上にあるから，実数 k を用いて

$$\vec{CP} = k\vec{CN}$$

と表すことができる．よって

$$\vec{OP} - \vec{OC} = k(\vec{ON} - \vec{OC})$$

すなわち

$$\vec{OP} = (1-k)\vec{OC} + k\vec{ON}$$

$$= (1-k) \cdot \frac{3}{4}\vec{OA} + \frac{k}{4}(\vec{OA} + \vec{OB})$$

$$= \left(\boxed{\frac{3}{4}} - \frac{k}{\boxed{2}}\right)\vec{OA} + \frac{k}{\boxed{4}}\vec{OB} \quad \cdots ①$$

となる．

さらに，P は直線 OB 上の点でもあるから，実数 ℓ を用いて

← $\vec{OC} = \frac{3}{4}\vec{OA},$

$\vec{ON} = \frac{1}{4}(\vec{OA} + \vec{OB}).$

— 15 —

$$\overrightarrow{\mathrm{OP}} = \ell \overrightarrow{\mathrm{OB}} \qquad \cdots ②$$

と表すことができる．

$\overrightarrow{\mathrm{OA}} \neq \vec{0}$, $\overrightarrow{\mathrm{OB}} \neq \vec{0}$, $\overrightarrow{\mathrm{OA}} \nparallel \overrightarrow{\mathrm{OB}}$ であるから，①，② より

$$\begin{cases} \dfrac{3}{4} - \dfrac{k}{2} = 0, \\ \dfrac{k}{4} = \ell \end{cases}$$

が成り立つ．これを解くと

$$k = \boxed{\dfrac{3}{2}}, \quad \ell = \dfrac{3}{8}$$

である．$\ell = \dfrac{3}{8}$ を ② に代入すると

$$\overrightarrow{\mathrm{OP}} = \boxed{\dfrac{3}{8}} \overrightarrow{\mathrm{OB}}$$

である．

―― ベクトルの相等 ――
$\vec{a} \neq \vec{0}$, $\vec{b} \neq \vec{0}$, $\vec{a} \nparallel \vec{b}$ のとき
$$x\vec{a} + y\vec{b} = x'\vec{a} + y'\vec{b}$$
$\iff x = x'$ かつ $y = y'$．

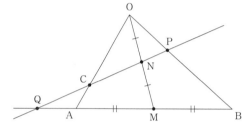

Q は直線 CN 上の点であるから，実数 s を用いて

$$\overrightarrow{\mathrm{CQ}} = s \overrightarrow{\mathrm{CN}}$$

と表すことができる．① と同様にして

$$\overrightarrow{\mathrm{OQ}} = \left(\dfrac{3}{4} - \dfrac{s}{2}\right) \overrightarrow{\mathrm{OA}} + \dfrac{s}{4} \overrightarrow{\mathrm{OB}} \qquad \cdots ③$$

となる．

また，Q は直線 AB 上の点でもあるから，実数 t を用いて

$$\overrightarrow{\mathrm{AQ}} = t \overrightarrow{\mathrm{AB}}$$

と表すことができるので

$$\overrightarrow{\mathrm{OQ}} - \overrightarrow{\mathrm{OA}} = t(\overrightarrow{\mathrm{OB}} - \overrightarrow{\mathrm{OA}})$$

すなわち

$$\overrightarrow{\mathrm{OQ}} = (1-t)\overrightarrow{\mathrm{OA}} + t\overrightarrow{\mathrm{OB}} \qquad \cdots ④$$

となる．

よって，③，④ より

$$\begin{cases} \dfrac{3}{4} - \dfrac{s}{2} = 1 - t, \\ \dfrac{s}{4} = t \end{cases}$$

が成り立ち，これを解くと

$$s = -1, \quad t = -\dfrac{1}{4}$$

第 1 回

である．$t = -\dfrac{1}{4}$ を ④ に代入すると

$$\overrightarrow{OQ} = \dfrac{5}{4}\overrightarrow{OA} - \dfrac{1}{4}\overrightarrow{OB}$$

$$= \dfrac{\boxed{1}}{\boxed{4}}\left(\boxed{5}\,\overrightarrow{OA} - \overrightarrow{OB}\right)$$

である．

$$OA = 2, \quad OB = 3, \quad \cos\angle AOB = \dfrac{1}{3}$$

より

$$\overrightarrow{OA} \cdot \overrightarrow{OB} = \left|\overrightarrow{OA}\right|\left|\overrightarrow{OB}\right|\cos\angle AOB$$

$$= 2 \times 3 \times \dfrac{1}{3}$$

$$= 2$$

である．

$$\overrightarrow{PQ} = \overrightarrow{OQ} - \overrightarrow{OP}$$

$$= \left(\dfrac{5}{4}\overrightarrow{OA} - \dfrac{1}{4}\overrightarrow{OB}\right) - \dfrac{3}{8}\overrightarrow{OB}$$

$$= \dfrac{5}{4}\overrightarrow{OA} - \dfrac{5}{8}\overrightarrow{OB}$$

$$= \dfrac{5}{8}\left(2\overrightarrow{OA} - \overrightarrow{OB}\right)$$

より

$$\left|\overrightarrow{PQ}\right|^2 = \left(\dfrac{5}{8}\right)^2\left|2\overrightarrow{OA} - \overrightarrow{OB}\right|^2$$

$$= \left(\dfrac{5}{8}\right)^2\left(4\left|\overrightarrow{OA}\right|^2 - 4\overrightarrow{OA}\cdot\overrightarrow{OB} + \left|\overrightarrow{OB}\right|^2\right)$$

$$= \left(\dfrac{5}{8}\right)^2\left(4 \times 2^2 - 4 \times 2 + 3^2\right)$$

$$= \left(\dfrac{5}{8}\right)^2 \times 17$$

であるから，線分 PQ の長さは

$$\left|\overrightarrow{PQ}\right| = \dfrac{\boxed{5}\sqrt{\boxed{17}}}{\boxed{8}}$$

である．

内積

$\vec{0}$ でない 2 つのベクトル $\vec{a}$ と $\vec{b}$ のなす角を $\theta\ (0° \leqq \theta \leqq 180°)$ とすると，$\vec{a}$ と $\vec{b}$ の内積 $\vec{a}\cdot\vec{b}$ は

$$\vec{a}\cdot\vec{b} = \left|\vec{a}\right|\left|\vec{b}\right|\cos\theta.$$

$\overrightarrow{OP} = \dfrac{3}{8}\overrightarrow{OB}$,

$\overrightarrow{OQ} = \dfrac{5}{4}\overrightarrow{OA} - \dfrac{1}{4}\overrightarrow{OB}$.

$\left|\overrightarrow{OA}\right| = 2,\ \left|\overrightarrow{OB}\right| = 3$,

$\overrightarrow{OA}\cdot\overrightarrow{OB} = 2$.

— 17 —

第 7 問　複素数平面

複素数平面上で，方程式
$$z\bar{z} - 4z - 4\bar{z} + 12 = 0$$
で与えられた曲線を C とする．この式の両辺に 4 を加えて
$$z\bar{z} - 4z - 4\bar{z} + 16 = 4$$
となり，これは
$$(z-4)(\bar{z}-4) = \boxed{4}$$
と変形できる．よって，$|z-4|^2 = 4$ すなわち $|z-4|=2$ から，C は点 $\boxed{4}$ を中心とする半径 $\boxed{2}$ の円である．

円 C を複素数平面上に図示すると次のようになる．

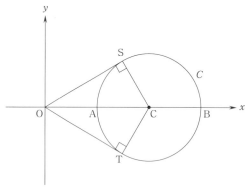

$(z-4)(\bar{z}-4) = (z-4)\overline{(z-4)}$
$= |z-4|^2$.

円の方程式

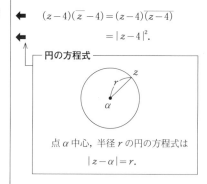

点 α 中心，半径 r の円の方程式は
$|z-\alpha|=r$.

C と実軸との交点を A(2), B(6) とする．O と点 z の距離が $|z|$ であり，$|z|$ の最大値は OB = 6，最小値は OA = 2 である．よって，$|z|$ のとり得る値の範囲は
$$\boxed{2} \leq |z| \leq \boxed{6}$$
である．

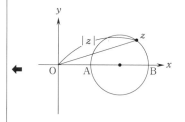

また，O から C へ引いた接線と C との接点を図のように S, T とし，C の中心を C(4) とすれば，OC = 4, CS = CT = 2, $\angle$OSC = $\angle$OTC = $\dfrac{\pi}{2}$ から，$\angle$COS = $\angle$COT = $\dfrac{\pi}{6}$ である．

したがって，$\arg z$ のとり得る値の範囲は
$$\dfrac{\boxed{-1}}{\boxed{6}}\pi \leq \arg z \leq \dfrac{\boxed{1}}{\boxed{6}}\pi$$
である．

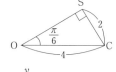

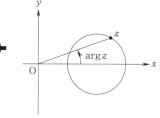

(1) 複素数 v は
$$v = (1+i)z$$
$$= \sqrt{2}\left(\cos\dfrac{\pi}{4} + i\sin\dfrac{\pi}{4}\right)z$$
と表せる．よって，点 v は点 z を原点 O を中心に $\dfrac{\pi}{4}$ だけ回転し，O からの距離を $\sqrt{2}$ 倍した点である．

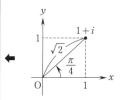

— 18 —

点 z が円 C 上を動くとき，C 上の各 z に対して v を対応させると，点 v が描く曲線は，円 C を O を中心に $\dfrac{\pi}{4}$ だけ回転し，O を中心に $\sqrt{2}$ 倍した円 C' となる．

← $v = (1+i)z$ から
$$z = \dfrac{1}{1+i}v.$$
これを C の方程式 $|z-4| = 2$ に代入すると，
$$\left|\dfrac{1}{1+i}v - 4\right| = 2.$$
この式は
$$\left|\dfrac{1}{1+i}\right||v - 4(1+i)| = 2$$
と変形でき，$\left|\dfrac{1}{1+i}\right| = \dfrac{1}{\sqrt{2}}$ から
$$|v - 4(1+i)| = 2\sqrt{2}$$
となる．つまり点 v が描く曲線は点 $4(1+i)$ を中心とする半径 $2\sqrt{2}$ の円となる．

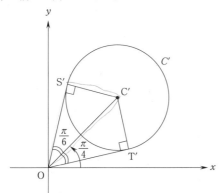

円 C' の中心を C'，O から円 C' へ引いた接線と C' との接点を図のように S'，T' とすると，点 C'，S'，T' はそれぞれ点 C，S，T を O を中心に $\dfrac{\pi}{4}$ だけ回転し，O からの距離を $\sqrt{2}$ 倍した点である．

よって，$\angle C'OS' = \angle C'OT' = \dfrac{\pi}{6}$ であり，直線 OC' が実軸となす角が $\dfrac{\pi}{4}$ なので，

OT' が実軸となす角は $\dfrac{\pi}{4} - \dfrac{\pi}{6} = \dfrac{\pi}{12}$，

OS' が実軸となす角は $\dfrac{\pi}{4} + \dfrac{\pi}{6} = \dfrac{5}{12}\pi$

である．

したがって，$\arg v$ のとり得る値の範囲は
$$\boxed{\dfrac{1}{12}}\pi \leqq \arg v \leqq \boxed{\dfrac{5}{12}}\pi$$
である．

(2) 複素数 w は
$$\begin{aligned}w &= (1+i)^n z \\ &= \left\{\sqrt{2}\left(\cos\dfrac{\pi}{4} + i\sin\dfrac{\pi}{4}\right)\right\}^n z \\ &= (\sqrt{2})^n\left(\cos\dfrac{n}{4}\pi + i\sin\dfrac{n}{4}\pi\right)z\end{aligned}$$
と表せる．

(1)と同様に考えると，点 z が円 C 上を動くとき点 w が描く曲線 D_n は，C を O を中心に $\dfrac{n}{4}\pi$ だけ回転し，O を中心に $(\sqrt{2})^n$

← ド・モアブルの定理
$$(\cos\theta + i\sin\theta)^n$$
$$= \cos n\theta + i\sin n\theta.$$
(n は整数)

← $z = \dfrac{1}{(1+i)^n}w$
を $|z-4| = 2$ に代入して整理すると
$$|w - 4(1+i)^n| = 2(\sqrt{2})^n$$
となる．

— 19 —

倍した円となる．

円 D_n の中心を E_n とすると，半直線 OE_n が実軸の正の部分となす角が $\dfrac{n}{4}\pi$ なので，

$$\dfrac{n}{4}\pi - \dfrac{\pi}{6} \leqq \arg w \leqq \dfrac{n}{4}\pi + \dfrac{\pi}{6} \quad \cdots (*)$$

である．

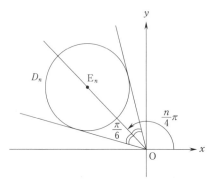

したがって，D_n 上のすべての点 w の虚部が正となる条件は半直線 OE_n が実軸の正の部分となす角が

$$\dfrac{\pi}{4},\ \dfrac{\pi}{2},\ \dfrac{3}{4}\pi$$

のいずれかの場合のときであり，E_n がこの半直線上にあれば $(*)$ から w の虚部はすべて正となる．

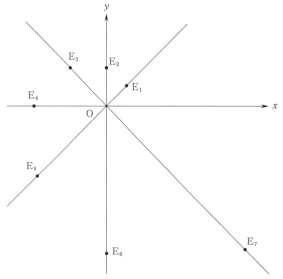

これは，n を 8 で割ったときの余りが 1, 2, 3 となるときである．k を整数とする．$1 \leqq n \leqq 100$ において，

$n = 8k+1$ となる n は，$0 \leqq k \leqq 12$ より 13 個，

$n = 8k+2$ となる n は，$0 \leqq k \leqq 12$ より 13 個，

$n = 8k+3$ となる n は，$0 \leqq k \leqq 12$ より 13 個

あるので，条件を満たす n は全部で $\boxed{39}$ 個ある．

第2回 解答・解説

（100点満点）

問題番号	解答記号	正解	配点	自己採点
第1問	$\sqrt{ア}$	$\sqrt{3}$	1	
	$\sqrt{イ}$，ウ	$\sqrt{2}$，2	2	
	エ	2	1	
	オ	2	2	
	$\sqrt{カ}$	$\sqrt{3}$	2	
	キ	2	1	
	$\sqrt{ク}$	$\sqrt{3}$	1	
	ケ	0	1	
	$\dfrac{コ-\sqrt{サ}}{シ}$	$\dfrac{6-\sqrt{6}}{5}$	2	
	$\dfrac{ス\sqrt{セ}-\sqrt{ソ}}{タ}$	$\dfrac{2\sqrt{3}-\sqrt{2}}{5}$	2	
第1問　自己採点小計		(15)		
第2問	$(0, ア)$	$(0, 1)$	1	
	$(1, イ)$	$(1, 4)$	1	
	ウ	0	2	
	エ・オ$^{-x}$＋1	$2 \cdot 4^{-x}+1$	2	
	カ	2	2	
	$\dfrac{キ}{ク}$	$\dfrac{1}{2}$	2	
	$\dfrac{ケ}{コ}$	$\dfrac{1}{4}$	2	
	サ$\sqrt{シ}$＋ス	$2\sqrt{2}+1$	3	
第2問　自己採点小計		(15)		

問題番号	解答記号	正解	配点	自己採点
第3問	ア，イ	3，3	2	
	ウ	1	2	
	エ	2	2	
	$-オ<t<カ$	$-1<t<1$	1	
	キクt^3＋ケt^2－コ	$-2t^3+6t^2-4$	2	
	サ	3	1	
	シ	2	1	
	ス，セ	3，2	2	
	ソタ$<k<$チ	$-4<k<0$	2	
	$\dfrac{ツ}{テ}x^3-\dfrac{a}{ト}x^2+C_0$	$\dfrac{1}{3}x^3-\dfrac{a}{2}x^2+C_0$	1	
	$\dfrac{ナ}{ニ}a^3-$ヌ$a+\dfrac{ネ}{ノ}$	$\dfrac{1}{3}a^3-2a+\dfrac{8}{3}$	3	
	$\sqrt{ハ}$	$\sqrt{2}$	1	
	$\dfrac{ヒ-フ\sqrt{ヘ}}{ホ}$	$\dfrac{8-4\sqrt{2}}{3}$	2	
第3問　自己採点小計		(22)		
第4問	ア	2	1	
	イ	3	1	
	ウ$n-$エ	$3n-1$	2	
	$\dfrac{1}{オ}$	$\dfrac{1}{3}$	1	
	$\dfrac{n}{カn+キ}$	$\dfrac{n}{6n+4}$	2	
	ク$\left(x_k-\dfrac{ケ}{コ}\right)^2$	$2\left(x_k-\dfrac{1}{2}\right)^2$	2	
	サ	1	1	
	シ$y_n{}^ス$	$2y_n{}^2$	1	
	セz_n+ソ	$2z_n+1$	2	
	$-$タ$^{n-1}-$チ	$-2^{n-1}-1$	1	
	ツ	5	2	
第4問　自己採点小計		(16)		

問題番号	解答記号	正 解	配点	自己採点
第5問	$\dfrac{ア}{イ}$	$\dfrac{1}{2}$	1	
	$\dfrac{ウ}{エ}$	$\dfrac{7}{6}$	1	
	$\dfrac{オカ}{キク}$	$\dfrac{17}{36}$	2	
	$\dfrac{ケコ}{サ}$	$\dfrac{14}{3}$	1	
	$\dfrac{シス}{セソ}$	$\dfrac{85}{18}$	2	
	$\dfrac{タ}{チ}$	$\dfrac{1}{4}$	1	
	ツテ	75	2	
	$\dfrac{トナ}{ニ}$	$\dfrac{15}{2}$	2	
	ヌ.ネノ	1.33	2	
	0.ハヒ	0.09	2	
第5問　自己採点小計			(16)	
第6問	$\dfrac{ア\sqrt{イ}}{ウ}$	$\dfrac{2\sqrt{3}}{9}$	2	
	$\dfrac{1}{エ}$	$\dfrac{1}{2}$	2	
	オ	2	2	
	カキ	11	2	
	$\dfrac{クケ}{コ}$	$\dfrac{-2}{9}$	3	
	サ	1	2	
	$\dfrac{シ\sqrt{ス}}{セソ}$	$\dfrac{7\sqrt{2}}{12}$	3	
第6問　自己採点小計			(16)	

問題番号	解答記号	正 解	配点	自己採点
第7問	アイ	45	3	
	ウ	2	1	
	エ	3	1	
	オ$\sqrt{カ}$	$2\sqrt{3}$	1	
	キ	4	1	
	ク, ケ	1, 4 (解答の順序は問わない)	2	
	コ$\sqrt{サ}$	$4\sqrt{3}$	1	
	$\dfrac{x^2}{シス}+\dfrac{y^2}{セ}=1$	$\dfrac{x^2}{16}+\dfrac{y^2}{4}=1$	3	
	$(-ソ\sqrt{タ},\ チ)$	$(-2\sqrt{3},\ 0)$	1	
	ツ	8	1	
	テ	4	1	
第7問　自己採点小計			(16)	
自己採点合計			(100)	

(注)　第1問～第3問は必答。第4問～第7問の
　　　うちから3問選択。計6問を解答。

第1問 図形と方程式

直線 ℓ の方程式は，$y=\sqrt{3}x$ すなわち
$$\sqrt{\boxed{3}}\,x-y=0$$
であり，直線 m の方程式は，$y=-\dfrac{1}{\sqrt{2}}(x-2)$ すなわち
$$x+\sqrt{\boxed{2}}\,y-\boxed{2}=0$$
である．

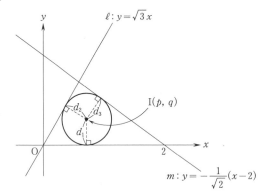

点 I と x 軸の距離を d_1 とする．点 I は x 軸の上側にあるから，$q>0$ （$\boxed{②}$）であり，$d_1=q$ である．

また，点 I と直線 ℓ の距離を d_2，点 I と直線 m の距離を d_3 とすると
$$d_2=\dfrac{|\sqrt{3}p-q|}{\sqrt{(\sqrt{3})^2+(-1)^2}}=\dfrac{|\sqrt{3}p-q|}{\boxed{2}},$$
$$d_3=\dfrac{|p+\sqrt{2}q-2|}{\sqrt{1^2+(\sqrt{2})^2}}=\dfrac{|p+\sqrt{2}q-2|}{\sqrt{\boxed{3}}}$$
である．

点 I は直線 ℓ の下側にあるから
$$q<\sqrt{3}p$$
すなわち
$$\sqrt{3}p-q>0 \quad (\boxed{②})$$
であり
$$d_2=\dfrac{\sqrt{3}p-q}{2}$$
である．

$d_1=d_2$ より
$$q=\dfrac{\sqrt{3}p-q}{2}$$
すなわち
$$p=\sqrt{\boxed{3}}\,q \qquad \cdots ①$$

- 直線の方程式 ―
  点 $(x_0,\ y_0)$ を通り，傾きが k の直線の方程式は
  $$y=k(x-x_0)+y_0.$$

- 点と直線の距離 ―

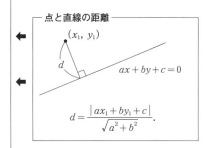

$$d=\dfrac{|ax_1+by_1+c|}{\sqrt{a^2+b^2}}.$$

点 $I(p,\ q)$ は不等式 $y<\sqrt{3}x$ の表す領域にあるから
$$q<\sqrt{3}p.$$

が成り立つ．同様に，点 I は直線 m の下側にあるから

$$q < -\frac{1}{\sqrt{2}}(p-2)$$

すなわち

$$p + \sqrt{2}\,q - 2 < 0 \quad \left(\boxed{0}\right)$$

であり

$$d_3 = \frac{-(p+\sqrt{2}\,q-2)}{\sqrt{3}} = \frac{-p-\sqrt{2}\,q+2}{\sqrt{3}}$$

である．よって，$d_1 = d_3$ より

$$q = \frac{-p-\sqrt{2}\,q+2}{\sqrt{3}}$$

すなわち

$$-p+2 = (\sqrt{2}+\sqrt{3})q \qquad \cdots ②$$

が成り立つ．

① を ② に代入すると

$$-\sqrt{3}\,q+2 = (\sqrt{2}+\sqrt{3})q$$

$$(2\sqrt{3}+\sqrt{2})q = 2$$

$$q = \frac{2}{2\sqrt{3}+\sqrt{2}} = \frac{2\sqrt{3}-\sqrt{2}}{5}.$$

よって，① より

$$p = \sqrt{3}\,q = \frac{6-\sqrt{6}}{5}.$$

したがって

$$p = \frac{\boxed{6}-\sqrt{\boxed{6}}}{\boxed{5}}, \quad q = \frac{\boxed{2}\sqrt{\boxed{3}}-\sqrt{\boxed{2}}}{\boxed{5}}$$

である．

← 　点 I(p, q) は不等式

　$y < -\dfrac{1}{\sqrt{2}}(x-2)$ の表す領域にあるか

ら

$$q < -\frac{1}{\sqrt{2}}(p-2).$$

— 25 —

第2問　指数関数・対数関数

$$f(x) = 4^x.$$
$$g(x) = 2^{-2x+1} + 1.$$
$$h(x) = f(x) + g(x).$$

(1)　$y = f(x)$ のグラフは 2 点 $\left(0, \boxed{1}\right)$, $\left(1, \boxed{4}\right)$ を通り、$y = \log_4 x$ のグラフを直線 $y = x$ に関して対称移動したものである。ここで

$$\log_4 x = \frac{\log_2 x}{\log_2 4} = \frac{1}{2} \log_2 x$$

← $4^0 = 1$.

← 曲線 $y = a^x$ と曲線 $y = \log_a x$ は直線 $y = x$ に関して対称である。

─ 底の変換公式 ─

$a > 0$, $a \neq 1$, $b > 0$, $c > 0$, $c \neq 1$ のとき

$$\log_a b = \frac{\log_c b}{\log_c a}.$$

であるから、$y = f(x)$ のグラフは $y = \dfrac{1}{2} \log_2 x$ のグラフを直線 $y = x$ に関して対称移動したものである。$\left(\boxed{⓪}\right)$

(2)　$g(x)$ は

$$g(x) = 2^{-2x+1} + 1 = \boxed{2} \cdot \boxed{4}^{-x} + 1$$

と変形できる。

$y = g(x)$ のグラフは $y = 2 \cdot 4^{-x}$ のグラフを y 軸方向に 1 だけ平行移動したものであり、$y = f(x)$ のグラフと $y = g(x)$ のグラフの概形として当てはまるものは $\boxed{②}$ である。

また、$y = f(x)$ のグラフと $y = g(x)$ のグラフの共有点の x 座標は、方程式

$$4^x = 2 \cdot 4^{-x} + 1 \qquad \cdots (*)$$

の解である。$t = 4^x$ とおくと、$(*)$ は

$$t = \frac{2}{t} + 1$$

すなわち

$$t^2 - t - 2 = 0$$

となるから

$$(t+1)(t-2) = 0$$

と変形できて、$t > 0$ より

$$t = 2$$

を得る。よって

$$4^x = 2$$

すなわち

$$2^{2x} = 2$$

より

$$x = \frac{\boxed{1}}{\boxed{2}}$$

である。

← $2^{-2x+1} = 2 \cdot 2^{-2x} = 2 \cdot (2^2)^{-x} = 2 \cdot 4^{-x}$.

← $4^{-x} = \dfrac{1}{4^x} = \dfrac{1}{t}$.

← $2^{2x} = 2^1$ より
$$2x = 1.$$
$$x = \frac{1}{2}.$$

(3)　$$h(x) = f(x) + g(x) = 4^x + 2 \cdot 4^{-x} + 1.$$

$4^x > 0$ かつ $2 \cdot 4^{-x} > 0$ であるから、相加平均と相乗平均の関

— 26 —

係により

$$\frac{4^x + 2 \cdot 4^{-x}}{2} \geqq \sqrt{4^x \cdot (2 \cdot 4^{-x})}$$

が成り立つ．よって

$$4^x + 2 \cdot 4^{-x} \geqq 2\sqrt{2}$$

すなわち

$$4^x + 2 \cdot 4^{-x} + 1 \geqq 2\sqrt{2} + 1$$

であり

$$h(x) \geqq 2\sqrt{2} + 1$$

である．等号が成り立つ条件は

$$4^x = 2 \cdot 4^{-x}$$
$$(4^x)^2 = 2$$
$$(2^{2x})^2 = 2$$
$$2^{4x} = 2^1$$
$$4x = 1.$$

よって，$x = \dfrac{1}{4}$ のときに等号が成り立つ．

したがって，$h(x)$ は

$$x = \frac{\boxed{1}}{\boxed{4}} \quad \text{で最小値} \quad \boxed{2}\sqrt{\boxed{2}} + \boxed{1}$$

をとる．

← ┌─ 相加平均と相乗平均の関係 ─┐
　$a > 0$, $b > 0$ のとき
$$\frac{a+b}{2} \geqq \sqrt{ab}.$$
　等号成立条件は $a = b$ である．

第3問　微分法・積分法

〔1〕

(1) $f(x) = x^3 - 3x + 2$ より

$$f'(x) = \boxed{3}x^2 - \boxed{3}$$
$$= 3(x+1)(x-1).$$

したがって，$f(x)$ の増減は次のようになる．

x	$\cdots$	-1	$\cdots$	1	$\cdots$
$f'(x)$	$+$	0	$-$	0	$+$
$f(x)$	↗	4	↘	0	↗

$f(x)$ は $x=-1$ で極大値 4 をとり，$x=1$ で極小値 0 をとる．
したがって，C の概形は $\boxed{①}$ である．

(2) 点 $(t, f(t))$ における C の接線の方程式は

$$y = (3t^2 - 3)(x - t) + t^3 - 3t + 2$$

すなわち

$$y = (3t^2 - 3)x - \boxed{2}t^3 + 2 \quad \cdots (\bigstar)$$

であり，この接線の傾きが負である条件は

$$3t^2 - 3 < 0 \quad \text{すなわち} \quad (t+1)(t-1) < 0$$

より

$$-\boxed{1} < t < \boxed{1} \quad \cdots ①$$

である．
また，この接線が点 $(2, k)$ を通る条件は

$$k = (3t^2 - 3) \cdot 2 - 2t^3 + 2$$

すなわち

$$\boxed{-2}t^3 + \boxed{6}t^2 - \boxed{4} = k \quad \cdots (*)$$

である．以下，$g(t) = -2t^3 + 6t^2 - 4$ とする．

(i) $k = -4$ のとき，$(*)$ は

$$-2t^3 + 6t^2 - 4 = -4 \quad \text{すなわち} \quad t^2(t-3) = 0$$

となるので，$(*)$ の実数解のうち最大のものは $\boxed{3}$ である．
また，点 $(3, f(3))$ における C の接線の傾きは $f'(3) = 24$ であり，正（$\boxed{②}$）である．

(ii) 点 $(2, k)$ を通る C の接線が 3 本あるための条件は，t の方程式 $(*)$ が異なる $\boxed{3}$ 個の実数解をもつことであり，さらに，傾きが負である接線がちょうど 2 本となる条件は，$(*)$ の 3 個の実数解のうちのちょうど $\boxed{2}$ 個が ① の範囲にあることである．
ここで，$y = g(t)$ のグラフを考える．

$f'(x)$ の符号は $y = 3(x+1)(x-1)$ のグラフを考えるとわかりやすい．

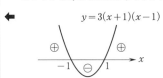

増減と極値に注目する．

接線の方程式

$C: y = f(x)$ とする．
点 $(t, f(t))$ における曲線 C の接線の傾きは $f'(t)$ であり，接線の方程式は
$$y = f'(t)(x - t) + f(t)$$
である．

($\bigstar$) に $x = 2$，$y = k$ を代入した．

もし，接点の x 座標 t が ① の範囲にあれば，その点における C の接線の傾きは負である．

$(*)$ の実数解 t の値 1 つに対し，($\bigstar$) によって，点 $(2, k)$ を通る C の接線が 1 本定まる．なお，$f(x)$ は 3 次関数であり，1 本の C の接線が 2 点以上で C と接することはない．

$$g'(t) = -6t^2 + 12t = -6t(t-2)$$

であるから，$g(t)$ の増減は次のようになる．

t	$\cdots$	0	$\cdots$	2	$\cdots$
$g'(t)$	$-$	0	$+$	0	$-$
$g(t)$	↘	-4	↗	4	↘

よって，$y = g(t)$ のグラフは次のようになる．

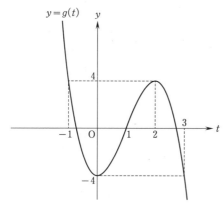

← $g'(t)$ の符号は $y = -6t(t-2)$ のグラフを考えるとわかりやすい．

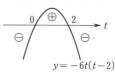

このグラフと直線 $y = k$ が異なる3点を共有し，その共有点の t 座標のうちのちょうど2個が ① を満たすような k の値の範囲を求めると

$$\boxed{-4} < k < \boxed{0}$$

である．

← $y = g(t)$ のグラフの中で，① の範囲の部分を太く示すと次のようになる．このグラフと直線 $y = k$ が，太線と2点かつ細線と1点で交わる条件を考えるとよい．

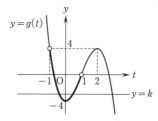

[2]

$0 < a < 2$．

$h(x) = x^2 - ax$ より

$$\int h(x)\,dx = \int (x^2 - ax)\,dx$$
$$= \frac{\boxed{1}}{\boxed{3}}x^3 - \frac{a}{\boxed{2}}x^2 + C_0.$$

ただし，C_0 は積分定数である．

$$H(x) = \frac{1}{3}x^3 - \frac{a}{2}x^2$$

とおく．

D は下に凸の放物線で，x 軸と点 $(0, 0)$ および点 $(a, 0)$ で交わることに注意すると，$S(a)$ は次図の影の部分の面積である．

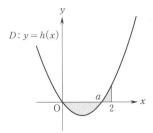

$$S(a) = \int_0^a \{-h(x)\}\,dx + \int_a^2 h(x)\,dx$$
$$= \Big[-H(x)\Big]_0^a + \Big[H(x)\Big]_a^2$$
$$= -\{H(a) - H(0)\} + \{H(2) - H(a)\}$$
$$= -2H(a) + H(2)$$
$$= \boxed{\dfrac{1}{3}}a^3 - \boxed{2}\,a + \boxed{\dfrac{8}{3}}.$$

$S'(a) = a^2 - 2$

であるから,$0 < a < 2$ における $S(a)$ の増減は次のようになる.

a	(0)	$\cdots$	$\sqrt{2}$	$\cdots$	(2)
$S'(a)$		$-$	0	$+$	
$S(a)$		↘	最小	↗	

以上より,$S(a)$ は $a = \sqrt{\boxed{2}}$ において最小値

$$S(\sqrt{2}) = \dfrac{\boxed{8} - \boxed{4}\sqrt{\boxed{2}}}{3}$$

をとる.

──面積──

区間 $\alpha \leqq x \leqq \beta$ においてつねに
$$f(x) \leqq 0$$
であるとき,曲線 $y = f(x)$ と x 軸および 2 直線 $x = \alpha$, $x = \beta$ で囲まれた図形の面積 S は
$$S = \int_\alpha^\beta \{-f(x)\}\,dx.$$

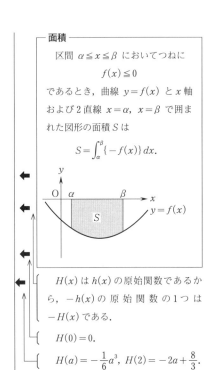

$H(x)$ は $h(x)$ の原始関数であるから,$-h(x)$ の原始関数の 1 つは $-H(x)$ である.

$H(0) = 0$.

$H(a) = -\dfrac{1}{6}a^3$, $H(2) = -2a + \dfrac{8}{3}$.

$S'(a)$ の符号は $y = a^2 - 2$ $(0 < a < 2)$ のグラフを考えるとわかりやすい.

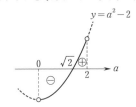

第4問　数　列

[1]

等差数列 $\{a_n\}$ の一般項は，公差を d とすると
$$a_n = a_1 + (n-1)d$$
と表せるから，$a_2 = 5$, $a_5 = 14$ より
$$a_1 + d = 5, \quad a_1 + 4d = 14$$
が成り立つ．よって，初項 a_1 は $\boxed{2}$ であり，公差は $\boxed{3}$ であるから，数列 $\{a_n\}$ の一般項は
$$a_n = 2 + (n-1)\cdot 3 = \boxed{3}\,n - \boxed{1}$$
である．

数列 $\{a_n\}$ は公差 3 の等差数列であるから
$$a_{n+1} - a_n = 3 \quad (n = 1, 2, 3, \cdots)$$
が成り立つ．よって
$$\frac{1}{a_n} - \frac{1}{a_{n+1}} = \frac{a_{n+1} - a_n}{a_n a_{n+1}} = \frac{3}{a_n a_{n+1}} \quad (n = 1, 2, 3, \cdots)$$
となるから
$$\frac{1}{a_n a_{n+1}} = \frac{1}{\boxed{3}}\left(\frac{1}{a_n} - \frac{1}{a_{n+1}}\right) \quad (n = 1, 2, 3, \cdots)$$
が成り立つ．したがって
$$\sum_{k=1}^{n} \frac{1}{a_k a_{k+1}} = \frac{1}{3}\sum_{k=1}^{n}\left(\frac{1}{a_k} - \frac{1}{a_{k+1}}\right)$$
$$= \frac{1}{3}\left\{\left(\frac{1}{a_1} - \frac{1}{a_2}\right) + \left(\frac{1}{a_2} - \frac{1}{a_3}\right) + \left(\frac{1}{a_3} - \frac{1}{a_4}\right) + \cdots + \left(\frac{1}{a_n} - \frac{1}{a_{n+1}}\right)\right\}$$
$$= \frac{1}{3}\left(\frac{1}{a_1} - \frac{1}{a_{n+1}}\right)$$
$$= \frac{1}{3}\left\{\frac{1}{2} - \frac{1}{3(n+1)-1}\right\}$$
$$= \frac{1}{3}\left(\frac{1}{2} - \frac{1}{3n+2}\right)$$
$$= \frac{n}{\boxed{6}\,n + \boxed{4}} \quad (n = 1, 2, 3, \cdots)$$
である．

[2]

$$x_1 = \frac{1}{4}, \quad x_{n+1} = 2x_n(1 - x_n) \quad (n = 1, 2, 3, \cdots).$$

(1) すべての自然数 n に対して
$$0 < x_n < \frac{1}{2} \qquad \cdots ①$$
が成り立つことを示す．

[I]　$n = 1$ のとき，$x_1 = \frac{1}{4}$ であることから ① は成り立つ．

> **等差数列の一般項**
>
> 初項 a，公差 d の等差数列 $\{a_n\}$ の一般項 a_n は
> $$a_n = a + (n-1)d.$$

— 31 —

［Ⅱ］ $n=k$ のとき，① が成り立つ，すなわち
$$0<x_k<\frac{1}{2} \qquad \cdots ②$$
と仮定する．このとき，② より
$$x_{k+1}=2x_k(1-x_k)>0$$

← $x_k>0$,
$\quad 1-x_k>1-\dfrac{1}{2}>0.$

と
$$\begin{aligned}
\frac{1}{2}-x_{k+1}&=\frac{1}{2}-2x_k(1-x_k)\\
&=2\left(x_k{}^2-x_k+\frac{1}{4}\right)\\
&=\boxed{2}\left(x_k-\frac{\boxed{1}}{\boxed{2}}\right)^2 \qquad \cdots ③\\
&>0
\end{aligned}$$

が成り立つ．よって，① は $n=k+1$ のときにも成り立つ．

［Ⅰ］，［Ⅱ］より，すべての自然数 n に対して ① が成り立つことが証明された．

以上のような証明の方法を数学的帰納法という．（ $\boxed{⑩}$ ）

(2) ③ と同様にして，$x_{n+1}=2x_n(1-x_n)$ は
$$\frac{1}{2}-x_{n+1}=2\left(\frac{1}{2}-x_n\right)^2 \quad (n=1,\ 2,\ 3,\ \cdots)$$
と変形できる．よって，$y_n=\dfrac{1}{2}-x_n$ とおくと
$$y_{n+1}=\boxed{2}\,y_n{}^{\boxed{2}} \quad (n=1,\ 2,\ 3,\ \cdots)$$
が成り立つ．① から，すべての正の整数 n に対して $y_n>0$ である．そこで両辺の 2 を底とする対数をとると
$$\log_2 y_{n+1}=\log_2 2y_n{}^2$$
であり，これを変形すると
$$\begin{aligned}
\log_2 y_{n+1}&=\log_2 2+\log_2 y_n{}^2\\
\log_2 y_{n+1}&=1+2\log_2 y_n \quad (n=1,\ 2,\ 3,\ \cdots)
\end{aligned}$$

← $a>0,\ a\neq1,\ p>0,\ q>0$ のとき
$\quad \log_a p+\log_a q=\log_a pq.$

← $a>0,\ a\neq1,\ p>0,\ r$ は実数のとき
$\quad \log_a p^r=r\log_a p.$

となる．さらに，$z_n=\log_2 y_n$ とおくと
$$z_{n+1}=\boxed{2}\,z_n+\boxed{1} \quad (n=1,\ 2,\ 3,\ \cdots)$$
となる．これは
$$z_{n+1}+1=2(z_n+1) \quad (n=1,\ 2,\ 3,\ \cdots)$$
と変形できる．数列 $\{z_n+1\}$ は，初項 z_1+1，公比 2 の等比数列であり
$$\begin{aligned}
z_1+1&=\log_2 y_1+1\\
&=\log_2\left(\frac{1}{2}-x_1\right)+1\\
&=\log_2\left(\frac{1}{2}-\frac{1}{4}\right)+1\\
&=\log_2\frac{1}{4}+1
\end{aligned}$$

← 漸化式
$\quad a_{n+1}=pa_n+q \quad (n=1,\ 2,\ 3,\ \cdots)$
$\qquad$（$p,\ q$ は定数で，$p\neq1$）
は
$\qquad\qquad \alpha=p\alpha+q$
を満たす α を用いて
$\qquad a_{n+1}-\alpha=p(a_n-\alpha)$
と変形できる．

$$= -2 + 1$$
$$= -1$$

より，数列 $\{z_n + 1\}$ の一般項は

$$z_n + 1 = -2^{n-1}$$

である．よって，数列 $\{z_n\}$ の一般項は

$$z_n = -\boxed{2}^{\,n-1} - \boxed{1}$$

である．したがって

$$\log_2\left(\frac{1}{2} - x_n\right) = -2^{n-1} - 1 \quad (n = 1, 2, 3, \cdots)$$

であるから

$$\frac{1}{2} - x_n = 2^{-2^{n-1}-1} \quad (n = 1, 2, 3, \cdots)$$

すなわち，数列 $\{x_n\}$ の一般項は

$$x_n = \frac{1}{2} - 2^{-2^{n-1}-1}$$

である．

(3) $x_n \geqq 0.499$ は

$$x_n \geqq \frac{1}{2} - \frac{1}{1000} \quad \text{すなわち} \quad \frac{1}{2} - x_n \leqq \frac{1}{1000}$$

と同値である．

　n が増加するとき z_n は減少するので，n が増加するとき $\dfrac{1}{2} - x_n = 2^{z_n}$ は減少する．

$$\frac{1}{2} - x_4 = 2^{-2^3-1} = 2^{-9} = \frac{1}{512} > \frac{1}{1000},$$

$$\frac{1}{2} - x_5 = 2^{-2^4-1} = 2^{-17} < 2^{-10} = \frac{1}{1024} < \frac{1}{1000}$$

であるから

$$x_n \geqq 0.499$$

を満たす最小の自然数 n は $\boxed{5}$ である．

← $\dfrac{1}{4} = \dfrac{1}{2^2} = 2^{-2}$.

← ┌── 等比数列の一般項 ──
　　　初項 a，公比 r の等比数列 $\{a_n\}$
　　　の一般項 a_n は
$$a_n = ar^{n-1}.$$

← $z_n = \log_2 y_n = \log_2\left(\dfrac{1}{2} - x_n\right).$

第5問　統計的な推測

確率変数 X_1 の確率分布は次のとおりである.

X_1	0	1	2	計
確率	$\dfrac{1}{6}$	$\dfrac{3}{6}$	$\dfrac{2}{6}$	1

$X_1 = 1$ である確率は

$$P(X_1 = 1) = \frac{3}{6} = \boxed{\dfrac{1}{2}}.$$

X_1 の平均（期待値）は

$$E(X_1) = 0 \cdot \frac{1}{6} + 1 \cdot \frac{3}{6} + 2 \cdot \frac{2}{6} = \boxed{\dfrac{7}{6}}.$$

X_1 の分散は

$$
\begin{aligned}
V(X_1) &= E(X_1{}^2) - \{E(X_1)\}^2 \\
&= 0^2 \cdot \frac{1}{6} + 1^2 \cdot \frac{3}{6} + 2^2 \cdot \frac{2}{6} - \left(\frac{7}{6}\right)^2 \\
&= \boxed{\dfrac{17}{36}}
\end{aligned}
$$

である.

確率変数 X_2 の確率分布は次のとおりである.

X_2	0	1	2	計
確率	$\dfrac{1}{6}$	$\dfrac{3}{6}$	$\dfrac{2}{6}$	1

これは，X_1 の確率分布と同じであるから

$$E(X_2) = E(X_1), \quad V(X_2) = V(X_1).$$

$X = X_1 + 3X_2$ であるから

$$
\begin{aligned}
E(X) &= E(X_1 + 3X_2) \\
&= E(X_1) + 3E(X_2) \\
&= E(X_1) + 3E(X_1) \\
&= 4E(X_1) \\
&= \boxed{\dfrac{14}{3}}.
\end{aligned}
$$

また，X_1 と $3X_2$ は独立であるから

$$
\begin{aligned}
V(X) &= V(X_1 + 3X_2) \\
&= V(X_1) + V(3X_2) \\
&= V(X_1) + 3^2 V(X_2) \\
&= V(X_1) + 3^2 V(X_1) \\
&= 10 V(X_1) \\
&= \boxed{\dfrac{85}{18}}.
\end{aligned}
$$

平均（期待値）と分散

確率変数 X のとり得る値が

$$x_1, \ x_2, \ x_3, \ \cdots, \ x_n$$

の n 個であり，起こる確率がそれぞれ

$$p_1, \ p_2, \ p_3, \ \cdots, \ p_n$$

であるとき，X の平均（期待値）は

$$E(X) = \sum_{k=1}^{n} x_k p_k.$$

また，$E(X) = m$ とおくと，X の分散は

$$V(X) = \sum_{k=1}^{n} (x_k - m)^2 p_k. \quad \cdots ①$$

これを変形すると

$$V(X) = E(X^2) - m^2. \quad \cdots ②$$

← ここでは②を用いた.

平均の性質

$S, \ T$ を確率変数，$a, \ b$ を定数とする.

$$E(aS + b) = aE(S) + b,$$
$$E(S + T) = E(S) + E(T).$$

分散の性質

$S, \ T$ を確率変数，$a, \ b$ を定数とする.

$$V(aS + b) = a^2 V(S).$$

S と T が独立のときは

$$V(S + T) = V(S) + V(T).$$

$X=4$ となるのは,$X_1=X_2=1$ のときであり,$X=4$ である確率は
$$P(X=4)=\frac{1}{2}\cdot\frac{1}{2}=\frac{\boxed{1}}{\boxed{4}}.$$

よって,来場者300人のうち,景品をちょうど4個もらう人の数を表す確率変数を Y とすると,Y は二項分布 $B\left(300,\frac{1}{4}\right)$ に従う.

Y の平均は,$m=300\cdot\frac{1}{4}=\boxed{75}$,

Y の標準偏差は,$\sigma=\sqrt{300\cdot\frac{1}{4}\cdot\frac{3}{4}}=\frac{\boxed{15}}{\boxed{2}}$

であり,標本の大きさ300は十分に大きいので,Y は近似的に正規分布 $N(m,\sigma^2)$ に従う.

$Y\geqq 85$ となる確率の近似値を求める.

$Z=\dfrac{Y-75}{\frac{15}{2}}$ とおくと,Z は近似的に標準正規分布に従う.

$Y=85$ のとき
$$Z=\frac{10}{\frac{15}{2}}=\frac{4}{3}\fallingdotseq\boxed{1}.\boxed{33}$$

であるから
$$\begin{aligned}P(Y\geqq 85)&\fallingdotseq P(Z\geqq 1.33)\\&=0.5-P(0\leqq Z\leqq 1.33)\\&=0.5-0.4082\\&=0.0918\end{aligned}$$

より,$Y\geqq 85$ となる確率はおよそ $0.\boxed{09}$ である.

二項分布

試行 T で,事象 A が起こる確率が p であるとする.この試行 T を独立に n 回行ったとき,事象 A が起こる回数を X とすると
$$P(X=r)={}_nC_r\,p^r(1-p)^{n-r}$$
が成り立つ.ただし,$0\leqq r\leqq n$ である.

この X が従う確率分布を二項分布といい,$B(n,p)$ で表す.

二項分布 $B(n,p)$ に従う確率変数 X に対し,X の平均,分散,標準偏差はそれぞれ
$$E(X)=np,$$
$$V(X)=np(1-p),$$
$$\sigma(X)=\sqrt{np(1-p)}$$
である.

確率変数 X が二項分布 $B(n,p)$ に従うとする.n が十分に大きいとき,X は近似的に正規分布 $N(np,np(1-p))$ に従う.

さらに,$Z=\dfrac{X-np}{\sqrt{np(1-p)}}$ とおくと,Z は近似的に標準正規分布 $N(0,1)$ に従う.

この Z の確率密度関数は
$$f(z)=\frac{1}{\sqrt{2\pi}}e^{-\frac{z^2}{2}}$$
であり,曲線 $y=f(z)$ は y 軸に関して対称である.

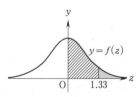

求める確率は,標準正規分布の分布曲線において,影の部分の面積.

なお,斜線部分の面積は,正規分布表から,0.4082.

第6問　ベクトル

$|\overrightarrow{OA}|=3$, $|\overrightarrow{OB}|=\sqrt{3}$, $\overrightarrow{OA}\cdot\overrightarrow{OB}=2$ より

$$\cos\angle AOB=\frac{\overrightarrow{OA}\cdot\overrightarrow{OB}}{|\overrightarrow{OA}||\overrightarrow{OB}|}=\frac{2}{3\times\sqrt{3}}=\frac{\boxed{2}\sqrt{\boxed{3}}}{\boxed{9}}.$$

◀ ─内積─
　$\vec{0}$ でない2つのベクトル $\vec{a}$ と $\vec{b}$ のなす角を θ ($0°\leqq\theta\leqq180°$) とすると, $\vec{a}$ と $\vec{b}$ の内積 $\vec{a}\cdot\vec{b}$ は
　　$\vec{a}\cdot\vec{b}=|\vec{a}||\vec{b}|\cos\theta.$

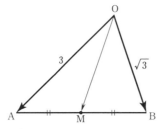

点 M は辺 AB の中点であるから

$$\overrightarrow{OM}=\frac{1}{\boxed{2}}(\overrightarrow{OA}+\overrightarrow{OB})$$

であり, また

$$\begin{aligned}|\overrightarrow{OA}+\overrightarrow{OB}|^2&=(\overrightarrow{OA}+\overrightarrow{OB})\cdot(\overrightarrow{OA}+\overrightarrow{OB})\\&=|\overrightarrow{OA}|^2+2\overrightarrow{OA}\cdot\overrightarrow{OB}+|\overrightarrow{OB}|^2\\&=3^2+2\times2+(\sqrt{3})^2\\&=16\end{aligned}$$

◀ $|\vec{a}|^2=\vec{a}\cdot\vec{a}.$

より, $|\overrightarrow{OA}+\overrightarrow{OB}|=4$ である.

よって

$$|\overrightarrow{OM}|=\frac{1}{2}|\overrightarrow{OA}+\overrightarrow{OB}|=\frac{1}{2}\times4=\boxed{2}.$$

点 C は, 点 M を通り直線 OA に平行な直線上にあるから, 実数 k を用いて

$$\overrightarrow{OC}=\overrightarrow{OM}+k\overrightarrow{OA}$$

と表せる.

すると

$$\begin{aligned}\overrightarrow{OC}&=\overrightarrow{OM}+k\overrightarrow{OA}\\&=\frac{1}{2}(\overrightarrow{OA}+\overrightarrow{OB})+k\overrightarrow{OA}\\&=\left(k+\frac{1}{2}\right)\overrightarrow{OA}+\frac{1}{2}\overrightarrow{OB}\end{aligned}$$

◀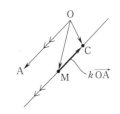

と表せるから

$$\begin{aligned}|\overrightarrow{OC}|^2&=\left|\left(k+\frac{1}{2}\right)\overrightarrow{OA}+\frac{1}{2}\overrightarrow{OB}\right|^2\\&=\left(k+\frac{1}{2}\right)^2|\overrightarrow{OA}|^2+2\left(k+\frac{1}{2}\right)\times\frac{1}{2}\overrightarrow{OA}\cdot\overrightarrow{OB}+\frac{1}{4}|\overrightarrow{OB}|^2\\&=\left(k+\frac{1}{2}\right)^2\times3^2+2\left(k+\frac{1}{2}\right)\times\frac{1}{2}\times2+\frac{1}{4}(\sqrt{3})^2\\&=9\left(k+\frac{1}{2}\right)^2+2\left(k+\frac{1}{2}\right)+\frac{3}{4}\end{aligned}$$

$$= 9k^2 + \boxed{11}k + 4.$$

$|\overrightarrow{OC}|^2 = (\sqrt{2})^2$ より

$$9k^2 + 11k + 4 = 2$$
$$9k^2 + 11k + 2 = 0$$
$$(k+1)(9k+2) = 0$$
$$k = -1, \ -\frac{2}{9}. \qquad \cdots ①$$

ここで

$$\overrightarrow{OA} \cdot \overrightarrow{OC} = \overrightarrow{OA} \cdot \left\{ \left(k + \frac{1}{2}\right)\overrightarrow{OA} + \frac{1}{2}\overrightarrow{OB} \right\}$$
$$= \left(k + \frac{1}{2}\right)|\overrightarrow{OA}|^2 + \frac{1}{2}\overrightarrow{OA} \cdot \overrightarrow{OB}$$
$$= 9\left(k + \frac{1}{2}\right) + \frac{1}{2} \times 2$$
$$= 9k + \frac{11}{2}$$

であるから，①のうち $\overrightarrow{OA} \cdot \overrightarrow{OC} > 0$ となる k は $k = \dfrac{\boxed{-2}}{\boxed{9}}$ である．

← $\overrightarrow{OA} \cdot \overrightarrow{OC} = 9k + \dfrac{11}{2} > 0$ より，$k > -\dfrac{11}{18}$ であるから，$k = -1$ は不適．

したがって

$$\overrightarrow{OC} = \left(-\frac{2}{9} + \frac{1}{2}\right)\overrightarrow{OA} + \frac{1}{2}\overrightarrow{OB}$$
$$= \frac{5}{18}\overrightarrow{OA} + \frac{1}{2}\overrightarrow{OB}$$

← $\overrightarrow{OC} = \left(k + \dfrac{1}{2}\right)\overrightarrow{OA} + \dfrac{1}{2}\overrightarrow{OB}$.

であり

$$\frac{5}{18} > 0, \quad \frac{1}{2} > 0, \quad \frac{5}{18} + \frac{1}{2} < 1$$

であるから，点 C は三角形 OAB の内部 ($\boxed{0}$) にある．

また

$$\overrightarrow{OA} \cdot \overrightarrow{OC} = 9k + \frac{11}{2} = 9 \times \left(-\frac{2}{9}\right) + \frac{11}{2} = \frac{7}{2}$$

であるから

$$\cos \angle \text{AOC} = \frac{\overrightarrow{OA} \cdot \overrightarrow{OC}}{|\overrightarrow{OA}||\overrightarrow{OC}|} = \frac{\frac{7}{2}}{3 \times \sqrt{2}} = \frac{\boxed{7}\sqrt{\boxed{2}}}{\boxed{12}}.$$

← ┌ 点が三角形の内部にあるための条件 ┐

三角形 OAB において
$\overrightarrow{OC} = s\overrightarrow{OA} + t\overrightarrow{OB}$ (s, t は実数)
のとき
　「点 C が三角形 OAB の
　　内部にある」
$\iff$「$s > 0, \ t > 0, \ s + t < 1$」．

第7問　平面上の曲線と複素数平面

(1)　$z + \dfrac{2025}{z}$ が実数であるとは

$$\overline{\left(z + \frac{2025}{z}\right)} = z + \frac{2025}{z} \quad \text{つまり}$$

$$\overline{z} + \frac{2025}{\overline{z}} = z + \frac{2025}{z} \qquad \cdots ①$$

が成り立つことである.

①の両辺に $z\overline{z}$ を掛けると

$$z(\overline{z})^2 + 2025z = z^2\overline{z} + 2025\overline{z}$$

となる. 整理すると

$$|z|^2(\overline{z} - z) - 2025(\overline{z} - z) = 0 \quad \text{つまり}$$

$$(|z|^2 - 2025)(\overline{z} - z) = 0$$

である. ここで, z は虚数であるので $\overline{z} - z \neq 0$. すると

$$|z|^2 - 2025 = 0.$$

$2025 = 45^2$ であるので

$$|z| = \boxed{45}.$$

【参考】

　$z = x + yi$ (x, y は実数)とおいて解くと次のようになる.

　$v = z + \dfrac{2025}{z}$ とする.

　$z \neq 0$ であるので $x^2 + y^2 \neq 0$ である. また, $|z| = \sqrt{x^2 + y^2}$ である.

　v を x, y を用いて表すと

$$\begin{aligned}
v &= x + yi + \frac{2025}{x + yi} \\
&= x + yi + \frac{2025(x - yi)}{x^2 + y^2} \\
&= x\left(1 + \frac{2025}{x^2 + y^2}\right) + y\left(1 - \frac{2025}{x^2 + y^2}\right)i
\end{aligned}$$

となる.

　これより v が実数となる条件は

$$y\left(1 - \frac{2025}{x^2 + y^2}\right) = 0$$

が成り立つことである.

　ここで z は虚数であるから $y \neq 0$ なので

$$1 - \frac{2025}{x^2 + y^2} = 0$$

となり, $x^2 + y^2 = 2025$ を得る.

　よって,

$$|z| = \sqrt{x^2 + y^2} = \sqrt{2025} = 45$$

である.

◀ 複素数 α に対して
$$(\alpha \text{ の実部}) = \frac{\alpha + \overline{\alpha}}{2},$$
$$(\alpha \text{ の虚部}) = \frac{\alpha - \overline{\alpha}}{2i}$$
であるから
α が実数 $\iff \overline{\alpha} = \alpha$,
α が純虚数 $\iff \overline{\alpha} = -\alpha,\ \alpha \neq 0.$

◀ $z\overline{z} = |z|^2.$

◀ $\dfrac{1}{x + yi} = \dfrac{x - yi}{(x + yi)(x - yi)}$
$= \dfrac{x - yi}{x^2 + y^2}.$

(参考終り)

(2) 点 z は原点を中心とする半径が r (>0) の円周上を動くので, $|z|=r$. また, $w=z+\dfrac{3}{z}$.

(i) $r=\sqrt{3}$ とする.

$|z|=\sqrt{3}$ となるので, z の偏角 θ を $0\leqq\theta<2\pi$ として
$$z=\sqrt{3}\times(\cos\theta+i\sin\theta) \quad (\boxed{②})$$
と表せる. すると
$$\begin{aligned}\dfrac{3}{z}&=\dfrac{3}{\sqrt{3}(\cos\theta+i\sin\theta)}\\&=\sqrt{3}\times(\cos\theta-i\sin\theta) \quad (\boxed{③})\end{aligned}$$
となる.

したがって
$$w=\boxed{2}\sqrt{\boxed{3}}\times\cos\theta \quad (\boxed{④}) \quad \cdots ②$$
と表せる.

$0\leqq\theta<2\pi$ のとき $-1\leqq\cos\theta\leqq1$ なので, ② より
$$-2\sqrt{3}\leqq w\leqq 2\sqrt{3}$$
である.

これより, 点 w は 2 点 $-2\sqrt{3}$, $2\sqrt{3}$ を結ぶ線分を描く. よって, $\boxed{ク}$, $\boxed{ケ}$ には $\boxed{⓪}$, $\boxed{④}$ が当てはまる (順不同). 線分の長さは $\boxed{4}\sqrt{\boxed{3}}$ である.

$$\dfrac{1}{\cos\theta+i\sin\theta}$$
$$=(\cos\theta+i\sin\theta)^{-1}$$
$$=\cos(-\theta)+i\sin(-\theta)$$
$$=\cos\theta-i\sin\theta.$$

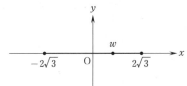

(ii) $r=3$ とする.

$|z|=3$ であるから, z の偏角 θ を $0\leqq\theta<2\pi$ として
$$z=3(\cos\theta+i\sin\theta)$$
と表せる. すると
$$\begin{aligned}\dfrac{3}{z}&=\dfrac{1}{\cos\theta+i\sin\theta}\\&=\cos\theta-i\sin\theta\end{aligned}$$
となるので
$$\begin{aligned}w&=z+\dfrac{3}{z}\\&=3(\cos\theta+i\sin\theta)+\cos\theta-i\sin\theta\\&=4\cos\theta+(2\sin\theta)i\end{aligned}$$
である. いま, $w=x+yi$ (x, y は実数) とおくと
$$x+yi=4\cos\theta+(2\sin\theta)i$$

— 39 —

となるので
$$\begin{cases} x = 4\cos\theta, \\ y = 2\sin\theta \end{cases}$$
を得る．θ を消去すると
$$\left(\frac{y}{2}\right)^2 + \left(\frac{x}{4}\right)^2 = 1$$
つまり
$$\frac{x^2}{\boxed{16}} + \frac{y^2}{\boxed{4}} = 1$$
である．これが点 w が描く楕円の方程式で，焦点の座標は
$$\left(-\boxed{2}\sqrt{\boxed{3}},\ \boxed{0}\right),\ (2\sqrt{3},\ 0)$$
である．また，長軸の長さは $\boxed{8}$ であり，短軸の長さは $\boxed{4}$ である．

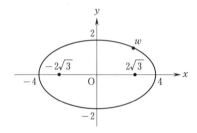

← 楕円 $\dfrac{x^2}{16} + \dfrac{y^2}{4} = 1$ の媒介変数表示である．

← $\sin^2\theta + \cos^2\theta = 1.$

← 楕円 $\dfrac{x^2}{a^2} + \dfrac{y^2}{b^2} = 1\ (a > b > 0)$ の焦点の座標は
$$(\pm\sqrt{a^2 - b^2},\ 0).$$
長軸の長さは $2a$，短軸の長さは $2b$．

第3回 解答・解説

(100点満点)

問題番号	解答記号	正解	配点	自己採点
第1問	ア	2	1	
	イ，ウ	2，1	1	
	エ$\sqrt{オ}$，カ，キ	$2\sqrt{3}$，2，1	2	
	ク	4	2	
	ケ	6	2	
	コ	5	2	
	サシ	-1	2	
	ス，セ	3，5	3	
第1問 自己採点小計		(15)		
第2問	アイ	50	1	
	ウエ	30	1	
	オ	2	2	
	カ	2	2	
	キ	0	2	
	ク	3	2	
	ケ	2	1	
	コ	1	1	
	サ	9	1	
	$\dfrac{シ}{ス}$，$\dfrac{セ}{ソ}$	$\dfrac{1}{5}$，$\dfrac{3}{5}$	2	
第2問 自己採点小計		(15)		

問題番号	解答記号	正解	配点	自己採点
第3問	ア，イ，ウ	3，2，5	2	
	エ	1	2	
	オ	2	1	
	カ	0	2	
	キ	2	2	
	$\dfrac{ク}{ケコ}$，$\dfrac{サ}{シ}$	$\dfrac{1}{16}$，$\dfrac{3}{5}$	3	
	スセ	-1	3	
	ソ	4	3	
	$\dfrac{タチ}{ツ}$	$\dfrac{-4}{3}$	4	
第3問 自己採点小計		(22)		
第4問	ア，イ	8，0	2	
	ウ$(エ^{N}-オ)$	$4(3^{N}-1)$	2	
	カ	1	2	
	キ	4	2	
	ク	1	2	
	ケ	3	1	
	コ	3	1	
	サ，シ，ス	1，3，0	2	
	$\dfrac{(セN-ソ)\cdot タ^{N}+1}{チ}$	$\dfrac{(2N-1)\cdot 3^{N}+1}{2}$	2	
第4問 自己採点小計		(16)		

問題番号	解答記号	正　解	配点	自己採点
第5問	$\dfrac{ア}{イ}$	$\dfrac{7}{3}$	1	
	ウ	7	1	
	$\dfrac{エオ}{カ}$	$\dfrac{14}{9}$	1	
	キ	7	1	
	$\dfrac{クケ}{コ}$	$\dfrac{14}{9}$	1	
	$\dfrac{サシ}{ス}$	$\dfrac{28}{3}$	2	
	$N(セ, ソ)$	$N(0, 1)$	1	
	0.タチ	0.07	2	
	ツテトナ	1020	2	
	ニヌ.ネ	11.2	2	
	ノ	3	2	
第5問　自己採点小計			(16)	
第6問	$\sqrt{ア}$	$\sqrt{5}$	1	
	$\sqrt{イ}$	$\sqrt{6}$	1	
	ウ	0	1	
	$\dfrac{\sqrt{エオ}}{カ}$	$\dfrac{\sqrt{30}}{2}$	2	
	キ	0	1	
	クケ, コ	$-2, 5$	1	
	(サ, シ, ス)	(4, 1, 3)	2	
	$\sqrt{セソ}$	$\sqrt{30}$	1	
	タ	5	2	
	(チ, ツ, テ)	(1, 3, 2)	2	
	(トナ, ニヌ, ネノ)	$(-1, -3, -2)$	2	
第6問　自己採点小計			(16)	

問題番号	解答記号	正　解	配点	自己採点
第7問	ア	1	3	
	イ	1	2	
	ウ	2	2	
	エ$X^2 + Y^2 =$ オ	$3X^2 + Y^2 = 3$	3	
	カ	2	3	
	$\dfrac{\sqrt{キ}}{ク} + \dfrac{ケ}{コ}i$	$\dfrac{\sqrt{3}}{2} + \dfrac{3}{2}i$	3	
第7問　自己採点小計			(16)	
自己採点合計			(100)	

(注)　第1問～第3問は必答。第4問～第7問の
うちから3問選択。計6問を解答。

第1問 三角関数

$$f(\theta)=4\sqrt{3}\sin\theta\cos\theta-4\cos^2\theta+3.$$

2倍角の公式

$$\sin 2\theta = \boxed{2}\sin\theta\cos\theta,$$
$$\cos 2\theta = \boxed{2}\cos^2\theta - \boxed{1}$$

を変形すると

$$\sin\theta\cos\theta = \frac{\sin 2\theta}{2},$$
$$\cos^2\theta = \frac{1+\cos 2\theta}{2}$$

となるから，$f(\theta)$ を $\sin 2\theta$，$\cos 2\theta$ を用いて表すと

$$f(\theta)=4\sqrt{3}\cdot\frac{\sin 2\theta}{2}-4\cdot\frac{1+\cos 2\theta}{2}+3$$
$$=\boxed{2}\sqrt{\boxed{3}}\sin 2\theta-\boxed{2}\cos 2\theta+\boxed{1}$$

となる．さらに，三角関数の合成を用いると

$$f(\theta)=2(\sqrt{3}\sin 2\theta-\cos 2\theta)+1$$
$$=2\cdot 2\sin\left(2\theta-\frac{\pi}{6}\right)+1$$
$$=\boxed{4}\sin\left(2\theta-\frac{\pi}{\boxed{6}}\right)+1$$

と変形できる．

← ─ 2倍角の公式 ─
$$\sin 2\theta = 2\sin\theta\cos\theta,$$
$$\cos 2\theta = \cos^2\theta - \sin^2\theta$$
$$= 2\cos^2\theta - 1$$
$$= 1 - 2\sin^2\theta.$$

← ─ 三角関数の合成 ─
$(a, b) \neq (0, 0)$ のとき
$$a\sin\theta + b\cos\theta = \sqrt{a^2+b^2}\sin(\theta+\alpha).$$
ただし
$$\cos\alpha = \frac{a}{\sqrt{a^2+b^2}}, \quad \sin\alpha = \frac{b}{\sqrt{a^2+b^2}}.$$

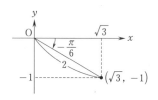

$\sqrt{3}\sin 2\theta - \cos 2\theta = 2\sin\left(2\theta - \frac{\pi}{6}\right)$.

(1) θ が $0\leq\theta\leq\dfrac{\pi}{2}$ の範囲を動くとき，$2\theta-\dfrac{\pi}{6}$ は

$$-\frac{\pi}{6}\leq 2\theta-\frac{\pi}{6}\leq\frac{5}{6}\pi$$

の範囲を動くから，$\sin\left(2\theta-\dfrac{\pi}{6}\right)$ は

$$-\frac{1}{2}\leq\sin\left(2\theta-\frac{\pi}{6}\right)\leq 1$$

の範囲を動く．

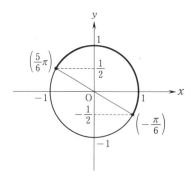

よって，$f(\theta)$ の最大値は

— 44 —

$$4\cdot 1+1=\boxed{5}$$

であり，$f(\theta)$ の最小値は

$$4\cdot\left(-\frac{1}{2}\right)+1=\boxed{-1}$$

である．

← $\begin{cases} -\dfrac{1}{2}\leqq\sin\left(2\theta-\dfrac{\pi}{6}\right)\leqq 1 \text{ より} \\ 4\cdot\left(-\dfrac{1}{2}\right)\leqq 4\sin\left(2\theta-\dfrac{\pi}{6}\right)\leqq 4\cdot 1 \end{cases}$

← すなわち

$4\cdot\left(-\dfrac{1}{2}\right)+1\leqq 4\sin\left(2\theta-\dfrac{\pi}{6}\right)+1\leqq 4\cdot 1+1.$

(2) $f(\theta)=k$ は

$$4\sin\left(2\theta-\frac{\pi}{6}\right)+1=k$$

すなわち

$$\sin\left(2\theta-\frac{\pi}{6}\right)=\frac{k-1}{4}$$

となり，$X=2\theta-\dfrac{\pi}{6}$ とおくと

$$\sin X=\frac{k-1}{4} \qquad \cdots ①$$

となる．

　$0\leqq\theta\leqq\dfrac{\pi}{2}$ の範囲で，$f(\theta)=k$ を満たす θ がちょうど 2 個存在することは

「$-\dfrac{\pi}{6}\leqq X\leqq\dfrac{5}{6}\pi$ の範囲で，① を満たす X が

ちょうど 2 個存在すること」

と同値である．

← θ が $0\leqq\theta\leqq\dfrac{\pi}{2}$ の範囲を動くとき，

$X\left(=2\theta-\dfrac{\pi}{6}\right)$ は

$$-\frac{\pi}{6}\leqq X\leqq\frac{5}{6}\pi$$

の範囲を動く．

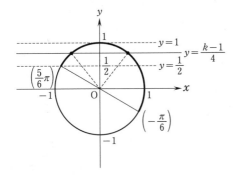

よって，求める k の値の範囲は

$$\frac{1}{2}\leqq\frac{k-1}{4}<1$$

すなわち

$$\boxed{3}\leqq k<\boxed{5}$$

である．

← $\begin{cases} \dfrac{k-1}{4}=1 \text{ のときについて．} \end{cases}$

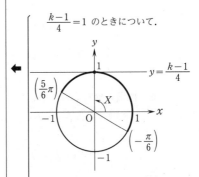

$X=\dfrac{\pi}{2}$ のみであり，X は 1 個しか

存在しないので適さない．

第2問　図形と方程式

	糖　質	たんぱく質	脂　質	ミネラル
食材A	15 g	5 g	3 g	a g
食材B	10 g	10 g	3 g	0.4 g

表の値は，100 g 当たりの含有量．$a > 0$．

食材Aの摂取量は$100x$ (g)，食材Bの摂取量は$100y$ (g).

(1)　$x = y = 2$ のとき，すなわち食材Aを200 gと食材Bを200 g
摂取したときの糖質の含有量の合計は

$$200 \times \frac{15}{100} + 200 \times \frac{10}{100} = \boxed{50}\ (g)$$

であり，たんぱく質の含有量の合計は

$$200 \times \frac{5}{100} + 200 \times \frac{10}{100} = \boxed{30}\ (g)$$

である．

(2)　食材Aを$100x$ (g)と食材Bを$100y$ (g)摂取したときの糖質
の含有量の合計は

$$100x \times \frac{15}{100} + 100y \times \frac{10}{100}$$

$$= 15x + 10y\ (g)$$

であるから，（条件1）と同値な条件を表す不等式は

$$15x + 10y \geqq 40$$

すなわち

$$3x + 2y \geqq 8 \quad \left(\boxed{②} \right)$$

である．

　次に，たんぱく質の含有量の合計は

$$100x \times \frac{5}{100} + 100y \times \frac{10}{100}$$

$$= 5x + 10y\ (g)$$

であるから，（条件2）と同値な条件を表す不等式は

$$5x + 10y \geqq 20$$

すなわち

$$x + 2y \geqq 4 \quad \left(\boxed{②} \right)$$

である．

　また，脂質の含有量の合計は

$$100x \times \frac{3}{100} + 100y \times \frac{3}{100}$$

$$= 3x + 3y\ (g) \quad \left(\boxed{⓪} \right)$$

である．

← 　（条件1）は「糖質の含有量の合計は40 g 以上とする」．

← 　（条件2）は「たんぱく質の含有量の合計は20 g 以上とする」．

(3) 連立不等式
$$\begin{cases} 3x+2y \geqq 8, \\ x+2y \geqq 4, \\ x \geqq 0, \\ y \geqq 0 \end{cases}$$
が表す領域，すなわち連立不等式
$$\begin{cases} y \geqq -\dfrac{3}{2}x+4, \\ y \geqq -\dfrac{1}{2}x+2, \\ x \geqq 0, \\ y \geqq 0 \end{cases}$$
が表す領域は，次図の影をつけた部分となる．ただし，境界線を含む．

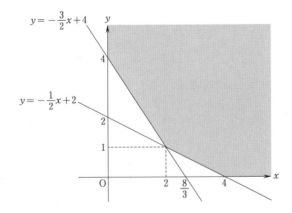

← 不等式 $y \geqq px+q$ が表す領域は，直線 $y=px+q$ およびその上側の部分．

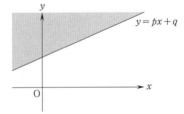

よって，| ク |に当てはまるものは| ⓪ |である．

(4) $\quad\quad\quad\quad 3x+3y=k \quad\quad\quad\quad \cdots$ ①

とおき，k が最小になるような (x, y) を考える．

① は座標平面において，傾きが -1，y 切片が $\dfrac{k}{3}$ の直線を表す．

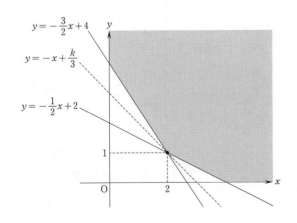

← k は，食材 A, B 中の脂質の含有量の合計．

← ① を変形すると，$y=-x+\dfrac{k}{3}$ となる．k の値が増加すると y 切片は増加し，k の値が減少すると y 切片は減少するから，y 切片 $\dfrac{k}{3}$ が最小であるものを考える．

← 領域と共有点をもつような直線 ① の y 切片が最小になるのは，図のように直線 ① が点 $(2, 1)$ を通るときである．

3本の直線 $y=-\dfrac{3}{2}x+4$, $y=-x+\dfrac{k}{3}$, $y=-\dfrac{1}{2}x+2$ の傾きについて $-\dfrac{3}{2}<-1<-\dfrac{1}{2}$ であることに注意すると,食材 A, B 中の脂質の含有量の合計 k が最小となるのは, $x=\boxed{2}$, $y=\boxed{1}$ のときであり,その最小値は
$$3\cdot 2+3\cdot 1=\boxed{9}\ (\mathrm{g})$$
である.

← $3x+3y$ に $x=2$, $y=1$ を代入した.

次に,食材 A, B 中のミネラルの含有量の合計は
$$100x\times\dfrac{a}{100}+100y\times\dfrac{\frac{4}{10}}{100}$$
$$=ax+\dfrac{2}{5}y\ (\mathrm{g})$$
であり
$$ax+\dfrac{2}{5}y=m \qquad \cdots ②$$
とおく.

② は座標平面において,傾きが $-\dfrac{5}{2}a$, y 切片が $\dfrac{5}{2}m$ の直線を表す.

ミネラルの含有量の合計 m が $x=2$, $y=1$ のときに最小となるのは,直線 ② が次図のようなときである.

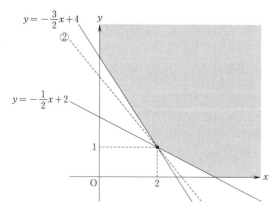

図より, m が $x=2$, $y=1$ のときに最小となるような直線 ② の傾き $\left(-\dfrac{5}{2}a\right)$ は $-\dfrac{3}{2}$ 以上 $-\dfrac{1}{2}$ 以下であるから
$$-\dfrac{3}{2}\leqq -\dfrac{5}{2}a\leqq -\dfrac{1}{2}$$
より,求める a の値の範囲は
$$\dfrac{\boxed{1}}{5}\leqq a\leqq \dfrac{\boxed{3}}{5}$$
である.

領域と共有点をもつような直線 ② の y 切片が,直線 ② が点 $(2,1)$ を通るときに最小になるような a を考える.
直線 ② の傾きについて.

・$-\dfrac{5}{2}a<-\dfrac{3}{2}$, すなわち $a>\dfrac{3}{5}$ のとき.

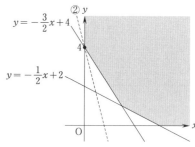

図のように, m が最小になるのは, $x=0$, $y=4$ のときであるから,適さない.

・$-\dfrac{1}{2}<-\dfrac{5}{2}a$, すなわち $0<a<\dfrac{1}{5}$ のとき.

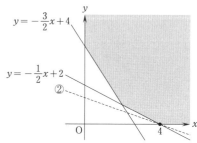

図のように, m が最小になるのは, $x=4$, $y=0$ のときであるから,適さない.

第3問　微分法・積分法

〔1〕

$p \ne 0$.
$$f(x) = px^3 + (p+1)x^2 - 5x + 1.$$

条件(★)「$f(x)$ は $x<1$ の範囲で極大値をもち，$1<x<2$ の範囲で極小値をもつ．」

$$f'(x) = \boxed{3}\,px^2 + \boxed{2}(p+1)x - \boxed{5}.$$

$f(x)$ が**条件(★)**を満たすのは，$\alpha<1$，$1<\beta<2$ を満たす α, β に対し，$x=\alpha$ の前後で $f'(x)$ が正から負に変化し，$x=\beta$ の前後で $f'(x)$ が負から正に変化するときである．よって，**条件(★)**を満たすような $y=f'(x)$ のグラフの概形は $\boxed{⓪}$ である．

← **条件(★)**を満たす $f(x)$ の増減は次のようになる．

x	$\cdots$	α	$\cdots$	1	$\cdots$	β	$\cdots$	2	$\cdots$
$f'(x)$	$+$	0	$-$		$-$	0	$+$		$+$
$f(x)$	↗	極大	↘		↘	極小	↗		↗

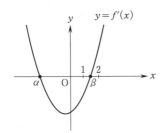

したがって，**条件(★)**は

$$p>0 \quad \bigl(\boxed{②}\bigr) \qquad \cdots ①$$

← 放物線 $y=f'(x)$ は下に凸．

かつ

$$f'(1)<0 \quad \bigl(\boxed{⓪}\bigr) \qquad \cdots ②$$

かつ

$$f'(2)>0 \quad \bigl(\boxed{②}\bigr) \qquad \cdots ③$$

と同値である．

② は

$$3p \cdot 1^2 + 2(p+1) \cdot 1 - 5 < 0$$

より

$$p < \frac{3}{5}$$

となり，③ は

$$3p \cdot 2^2 + 2(p+1) \cdot 2 - 5 > 0$$

より

$$p > \frac{1}{16}$$

となるから，関数 $f(x)$ が**条件(★)**を満たすような p の値の範囲は

$$\boxed{\dfrac{1}{16}} < p < \boxed{\dfrac{3}{5}}$$

である．

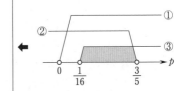

— 49 —

[2]

$$g(x) = 3x^2 + 4x \int_0^1 g(t)\,dt.$$

$\displaystyle\int_0^1 g(t)\,dt$ は定数であるから

$$\int_0^1 g(t)\,dt = k \quad (k \text{ は定数}) \qquad \cdots ①$$

とおくと

$$g(x) = 3x^2 + 4kx \qquad \cdots ②$$

であり，①は

$$\int_0^1 (3t^2 + 4kt)\,dt = k$$

$\longleftarrow \quad g(t) = 3t^2 + 4kt.$

となる．よって

$$\Big[t^3 + 2kt^2 \Big]_0^1 = k$$

すなわち

$$1 + 2k = k$$

となり，$k = \boxed{-1}$ を得るから，これを②に代入して

$$g(x) = 3x^2 - 4x$$

であるとわかる．

$y = g(x)$ と $y = x + a$ より y を消去すると

$$3x^2 - 4x = x + a$$

つまり

$$3x^2 - 5x - a = 0. \qquad \cdots ③$$

③の判別式を D とすると

$$D = (-5)^2 - 4 \cdot 3 \cdot (-a)$$
$$= 25 + 12a.$$

放物線 $y = g(x)$ と直線 $y = x + a$ が2点で交わるのは，③が異なる2つの実数解をもつときである．

したがって

$$D > 0$$

より

$$25 + 12a > 0.$$

よって

$$a > -\frac{25}{12}.$$

この条件の下で③を解くと

$$x = \frac{-(-5) \pm \sqrt{D}}{2 \cdot 3}$$
$$= \frac{5 \pm \sqrt{D}}{6}.$$

$\alpha,\ \beta\ (\alpha < \beta)$ は③の解であるから

$$\alpha = \frac{5 - \sqrt{D}}{6}, \quad \beta = \frac{5 + \sqrt{D}}{6}.$$

$$S = \int_\alpha^\beta \{x+a-g(x)\}dx$$
$$= \int_\alpha^\beta \{x+a-(3x^2-4x)\}dx$$
$$= \int_\alpha^\beta (-3x^2+5x+a)dx$$
$$= \int_\alpha^\beta \{-3(x-\alpha)(x-\beta)\}dx$$
$$= -3\int_\alpha^\beta (x-\alpha)(x-\beta)dx$$
$$= -3\left\{-\frac{1}{6}(\beta-\alpha)^3\right\}$$
$$= \frac{1}{2}(\beta-\alpha)^3 \quad (\boxed{④})$$
$$= \frac{1}{2}\left(\frac{5+\sqrt{D}}{6}-\frac{5-\sqrt{D}}{6}\right)^3$$
$$= \frac{1}{2}\left(\frac{\sqrt{D}}{3}\right)^3$$
$$= \frac{1}{54}\left(\sqrt{25+12a}\right)^3.$$

$S = \frac{1}{2}$ のとき
$$\frac{1}{54}\left(\sqrt{25+12a}\right)^3 = \frac{1}{2}$$
より
$$\left(\sqrt{25+12a}\right)^3 = 27.$$
$\sqrt{25+12a}$ は実数であるから
$$\sqrt{25+12a} = 3.$$
したがって
$$25+12a = 9.$$
よって
$$a = \frac{\boxed{-4}}{\boxed{3}}.$$
$$\left(\text{これは } a > -\frac{25}{12} \text{ を満たす}\right)$$

【 $\boxed{タチ}$, $\boxed{ツ}$ の別解 】

$S = \frac{1}{2}(\beta-\alpha)^3$ まで**解答**に同じ.

$S = \frac{1}{2}$ であるので $(\beta-\alpha)^3 = 1$ となり
$$\beta-\alpha = 1. \qquad \cdots ④$$
一方,2次方程式 $3x^2-5x-a=0$ (③)の2解が α,β であるので,解と係数の関係から

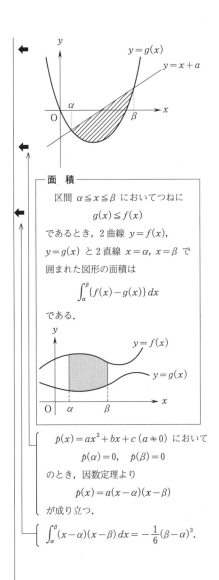

$$\begin{cases} \beta + \alpha = \dfrac{5}{3}, & \cdots ⑤ \\[3mm] \alpha\beta = -\dfrac{a}{3}. & \cdots ⑥ \end{cases}$$

④と⑤を α と β の連立方程式とみて解くと

$$\alpha = \frac{1}{3}, \quad \beta = \frac{4}{3}.$$

α, β は確かに実数になっている. ⑥により

$$a = -3\alpha\beta = \boxed{\dfrac{-4}{3}}.$$

第4問 数 列

(1) $\langle 4, n \rangle$ は，初項が $\langle 4, 1 \rangle (=8)$，公比が 3 の等比数列の第 n 項であるから
$$\langle 4, n \rangle = \boxed{8} \cdot 3^{n-1} \quad (\boxed{⓪})$$
が成り立つ．

また
$$\sum_{n=1}^{N}\langle 4, n \rangle = \langle 4, 1 \rangle + \langle 4, 2 \rangle + \langle 4, 3 \rangle + \cdots + \langle 4, N \rangle$$
は，初項が 8，公比が 3，項数が N の等比数列の和であるから
$$\sum_{n=1}^{N}\langle 4, n \rangle = \frac{8(3^N - 1)}{3-1}$$
$$= \boxed{4}(\boxed{3}^N - \boxed{1})$$
である．

― 等比数列の一般項 ―
初項 b，公比 r の等比数列 $\{b_n\}$ の一般項は
$$b_n = br^{n-1}.$$

― 等比数列の和 ―
初項 b，公比 $r\,(r \neq 1)$，項数 n の等比数列の和は
$$\frac{b(r^n - 1)}{r - 1}.$$

(2) $\quad S_n = \langle 1, n \rangle + \langle 2, n \rangle + \langle 3, n \rangle + \cdots + \langle N, n \rangle$.

(i) $\langle k, 1 \rangle$ は，初項が 2，公差が 2 の等差数列の第 k 項であるから
$$\langle k, 1 \rangle = 2 + (k-1) \cdot 2$$
$$= 2k \quad (\boxed{⓪})$$
であり，$\langle k, n \rangle$ は，初項が $2k$，公比が 3 の等比数列の第 n 項であるから
$$\langle k, n \rangle = 2k \cdot 3^{n-1} \quad (\boxed{④})$$
である．

したがって
$$S_n = \sum_{k=1}^{N}\langle k, n \rangle = \sum_{k=1}^{N} 2k \cdot 3^{n-1}$$
である．

― 等差数列の一般項 ―
初項 a，公差 d の等差数列 $\{a_n\}$ の一般項は
$$a_n = a + (n-1)d.$$

(ii) S_1 は，初項が 2，末項が $2N$，項数が N の等差数列の和であるから
$$S_1 = \frac{1}{2}N(2 + 2N)$$
$$= N(N+1) \quad (\boxed{⓪})$$
である．また
$$\langle k, n+1 \rangle = \boxed{3} \cdot \langle k, n \rangle$$
であり，$(n+1)$ 列目のマス目に入っている N 個の数は，n 列目のマス目に入っている N 個の数をそれぞれ 3 倍したものであるから
$$S_{n+1} = \boxed{3} S_n$$
が成り立つ．

― 等差数列の和 ―
初項 a，末項 c，項数 n の等差数列の和は
$$\frac{1}{2}n(a+c).$$

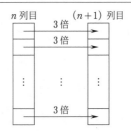

n 列目のマス目に入っている N 個の数の和を 3 倍にしたものが，$(n+1)$ 列目のマス目に入っている N 個の数の和である．

(iii) (i) の方法を用いると

$$S_n = \sum_{k=1}^{N} 2k \cdot 3^{n-1}$$

$$= 2 \cdot 3^{n-1} \sum_{k=1}^{N} k$$

$$= 2 \cdot 3^{n-1} \cdot \frac{1}{2} N(N+1)$$

$$= N\left(N + \boxed{1}\right) \cdot \boxed{3}^{\,n-1} \quad \left(\boxed{0}\right)$$

である.

　(ii) の方法を用いると次のようになる.

$$S_1 = N(N+1), \quad S_{n+1} = 3S_n$$

すなわち, 数列 $\{S_n\}$ は, 初項が $N(N+1)$, 公比が 3 の等比数列であるから

$$S_n = N(N+1) \cdot 3^{n-1}$$

である.

(3) (2)の(i)より, $\langle k, n \rangle = 2k \cdot 3^{n-1}$ であるから

$$\langle k, k \rangle = 2k \cdot 3^{k-1}$$

である.

$$T = \sum_{k=1}^{N} \langle k, k \rangle = \sum_{k=1}^{N} 2k \cdot 3^{k-1}$$

に対し, $T - 3T$ を計算すると次のようになる.

$$T = 2 \cdot 3^0 + 4 \cdot 3^1 + 6 \cdot 3^2 + \cdots + 2N \cdot 3^{N-1}$$

$$-\Big)\; 3T = \qquad 2 \cdot 3^1 + 4 \cdot 3^2 + \cdots + (2N-2) \cdot 3^{N-1} + 2N \cdot 3^N$$

$$\overline{-2T = \quad 2 + 2 \cdot 3^1 + 2 \cdot 3^2 + \cdots + 2 \cdot 3^{N-1} \qquad\qquad - 2N \cdot 3^N}$$

$$\underset{(*)}{}$$

$$= \frac{2(3^N - 1)}{3 - 1} - 2N \cdot 3^N$$

$$= 3^N - 1 - 2N \cdot 3^N$$

$$= (1 - 2N) \cdot 3^N - 1.$$

　よって

$$T = \frac{\left(\boxed{2} N - \boxed{1}\right) \cdot \boxed{3}^{\,N} + 1}{\boxed{2}}$$

である.

和の公式

$$\sum_{k=1}^{N} k = \frac{1}{2} N(N+1).$$

← $S_n = 2 \cdot 3^{n-1} + 4 \cdot 3^{n-1} + 6 \cdot 3^{n-1} + \cdots + 2N \cdot 3^{n-1}$

は, 初項 $2 \cdot 3^{n-1}$, 末項 $2N \cdot 3^{n-1}$, 項数 N の等差数列の和であるから

$$S_n = \frac{1}{2} N(2 \cdot 3^{n-1} + 2N \cdot 3^{n-1})$$

$$= N(N+1) \cdot 3^{n-1}$$

のように求めてもよい.

← 下線部(∗)は, 初項 2, 公比 3, 項数 N の等比数列の和である.

第5問　統計的な推測

[1]

X の確率分布は次のようになる.

X	1	2	4	計
確率	$\dfrac{1}{3}$	$\dfrac{1}{3}$	$\dfrac{1}{3}$	1

したがって

$$E(X) = 1 \cdot \frac{1}{3} + 2 \cdot \frac{1}{3} + 4 \cdot \frac{1}{3} = \boxed{\frac{7}{3}},$$

$$E(X^2) = 1^2 \cdot \frac{1}{3} + 2^2 \cdot \frac{1}{3} + 4^2 \cdot \frac{1}{3} = \boxed{7}$$

であるから

$$V(X) = E(X^2) - \{E(X)\}^2 = 7 - \left(\frac{7}{3}\right)^2 = \boxed{\frac{14}{9}}$$

である.

また, $Y = \boxed{7} - X$ であるから

$$V(Y) = V(7-X) = (-1)^2 V(X) = \boxed{\frac{14}{9}}$$

であり

$$
\begin{aligned}
E(XY) &= E(X(7-X)) \\
&= E(7X - X^2) \\
&= E(7X) - E(X^2) \\
&= 7E(X) - E(X^2) \\
&= 7 \cdot \frac{7}{3} - 7 = \boxed{\frac{28}{3}}
\end{aligned}
$$

である.

[2]

(1) W は正規分布 $N(1000, 20^2)$ に従うから

$$Z = \frac{W - 1000}{20}$$

とすると, Z は正規分布 $N(\boxed{0}, \boxed{1})$ (標準正規分布) に従う.

　求める割合は, 確率

$$P(W \geqq 1030) = P(Z \geqq 1.5)$$

である.

　これは次図の, 標準正規分布曲線の影の部分の面積である.

平均(期待値)と分散

　確率変数 X のとり得る値が

$$x_1,\ x_2,\ x_3,\ \cdots,\ x_n$$

の n 個あり, それぞれが起こる確率が

$$p_1,\ p_2,\ p_3,\ \cdots,\ p_n$$

であるとき, X の平均(期待値)は

$$E(X) = \sum_{k=1}^{n} x_k p_k.$$

　また, $E(X) = m$ と表すと, X の分散は

$$V(X) = \sum_{k=1}^{n} (x_k - m)^2 p_k. \quad \text{①}$$

　これを変形すると

$$V(X) = E(X^2) - m^2. \quad \text{②}$$

←ここでは ② を用いた.

← 3個の球に書かれた数の和は 7.

← a, b が定数であるとき, 確率変数 X に対し

$$V(aX + b) = a^2 V(X).$$

← 確率変数 X_1, X_2 に対し

$$E(X_1 - X_2) = E(X_1) - E(X_2).$$

← a, b が定数であるとき, 確率変数 X に対し

$$E(aX + b) = aE(X) + b.$$

X と Y が独立のときは $E(XY) = E(X)E(Y)$ が成り立つが, 本問では, X と Y ($=7-X$) は独立ではないことに注意.

← W が正規分布 $N(m, \sigma^2)$ に従うとき, $Z = \dfrac{W - m}{\sigma}$ は標準正規分布に従う.

← $Z = \dfrac{W - 1000}{20}$ において, $W \geqq 1030$ とすると $Z \geqq 1.5$ である.

— 55 —

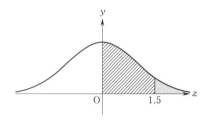

斜線部の面積は正規分布表より 0.4332 であるから，求める割合は $0.5 - 0.4332 = 0.0668$ すなわち，およそ 0.$\boxed{07}$ である．

← 曲線の方程式は $y = \dfrac{1}{\sqrt{2\pi}} e^{-\frac{z^2}{2}}$ である．

ただし，e は無理数で，$e = 2.718\cdots$ である．また，曲線と z 軸の間の部分の面積は 1 である．

(2) m の信頼度 95％ の信頼区間を $C \leqq m \leqq D$ とするとき
$$C = 1020 - 1.96 \cdot \dfrac{20}{\sqrt{49}},$$
$$D = 1020 + 1.96 \cdot \dfrac{20}{\sqrt{49}}$$

であるから
$$\dfrac{C+D}{2} = \boxed{1020},$$
$$D - C = 2 \times 1.96 \cdot \dfrac{20}{7} = \boxed{11}.\boxed{2}$$

である．

また，標本の大きさを n_0 とするとき，信頼区間の幅が 7 以下となる条件は
$$2 \times 1.96 \cdot \dfrac{20}{\sqrt{n_0}} \leqq 7$$

より
$$n_0 \geqq \left(\dfrac{2 \times 1.96 \times 20}{7} \right)^2$$
$$= 11.2^2$$
$$= 125.44$$

であるから，求める最小値は 126 である．（$\boxed{③}$）

← ―母平均の推定―
標本平均を $\overline{X}$，母標準偏差を σ とする．母平均 m に対する信頼度 95％ の信頼区間は，標本の大きさ n が十分大きいとき
$$\overline{X} - 1.96 \cdot \dfrac{\sigma}{\sqrt{n}} \leqq m \leqq \overline{X} + 1.96 \cdot \dfrac{\sigma}{\sqrt{n}}$$
である．

← 信頼区間は，標本平均を $\overline{X_0}$ とすると
$$\overline{X_0} - 1.96 \cdot \dfrac{20}{\sqrt{n_0}} \leqq m \leqq \overline{X_0} + 1.96 \cdot \dfrac{20}{\sqrt{n_0}}$$
であるから，信頼区間の幅は
$$2 \times 1.96 \cdot \dfrac{20}{\sqrt{n_0}}$$
である．

第6問 ベクトル

$\vec{OA} = (1, 0, 2)$, $\vec{OB} = (2, 1, -1)$, $\vec{OC} = (2, 6, 4)$.

$|\vec{OA}| = \sqrt{1^2 + 0^2 + 2^2} = \sqrt{\boxed{5}}$,

$|\vec{OB}| = \sqrt{2^2 + 1^2 + (-1)^2} = \sqrt{\boxed{6}}$,

$\vec{OA} \cdot \vec{OB} = 1 \times 2 + 0 \times 1 + 2 \times (-1) = \boxed{0}$

であるから，∠AOB = 90° であり，三角形 OAB の面積は

$$\frac{1}{2}|\vec{OA}||\vec{OB}| = \frac{1}{2} \times \sqrt{5} \times \sqrt{6} = \frac{\sqrt{\boxed{30}}}{\boxed{2}}$$

である．

点 C を通り平面 OAB に垂直な直線と，平面 OAB の交点 H の座標を求める．

― ベクトルの大きさと内積 ―
$\vec{a} = (a_1, a_2, a_3)$, $\vec{b} = (b_1, b_2, b_3)$
のとき
$\begin{cases} |\vec{a}| = \sqrt{a_1^2 + a_2^2 + a_3^2}, \\ \vec{a} \cdot \vec{b} = a_1 b_1 + a_2 b_2 + a_3 b_3. \end{cases}$

― ベクトルの垂直条件 ―
$\vec{a} \neq \vec{0}$, $\vec{b} \neq \vec{0}$ であるとき
$\vec{a} \perp \vec{b} \Longleftrightarrow \vec{a} \cdot \vec{b} = 0.$

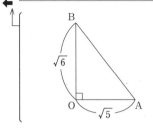

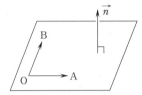

$\vec{OA}$ と $\vec{OB}$ の両方に垂直であるベクトルを $\vec{n} = (\ell, m, 1)$ とすると

$$\vec{n} \cdot \vec{OA} = \vec{n} \cdot \vec{OB} = \boxed{0}$$

が成り立つから

$1 \times \ell + 0 \times m + 2 \times 1 = 0$ かつ $2 \times \ell + 1 \times m + (-1) \times 1 = 0$

となる．これより

$$\ell = \boxed{-2}, \quad m = \boxed{5}$$

であり，$\vec{n} = (-2, 5, 1)$ である．

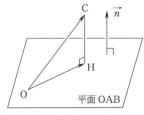

H は，C を通り $\vec{n}$ に平行な直線上にあるから，実数 t を用いて

$$\begin{aligned}
\vec{OH} &= \vec{OC} + \vec{CH} \\
&= \vec{OC} + t\vec{n} \qquad \cdots ① \\
&= (2, 6, 4) + t(-2, 5, 1) \\
&= (2 - 2t, 6 + 5t, 4 + t) \qquad \cdots ①'
\end{aligned}$$

と表せる．

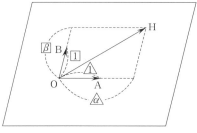

また，H は平面 OAB 上にあるから，実数 α, β を用いて
$$\vec{OH} = \alpha\vec{OA} + \beta\vec{OB} \qquad \cdots ②$$
$$= \alpha(1, 0, 2) + \beta(2, 1, -1)$$
$$= (\alpha + 2\beta, \beta, 2\alpha - \beta) \qquad \cdots ②'$$

と表せる．

①' と ②' の各成分が一致することから
$$\begin{cases} 2 - 2t = \alpha + 2\beta, & \cdots ③ \\ 6 + 5t = \beta, & \cdots ④ \\ 4 + t = 2\alpha - \beta & \cdots ⑤ \end{cases}$$

が成り立つ．④ を ③，⑤ に代入して，β を消去すると
$$\begin{cases} 2 - 2t = \alpha + 2(6 + 5t), \\ 4 + t = 2\alpha - (6 + 5t) \end{cases}$$

すなわち
$$\begin{cases} \alpha = -12t - 10, \\ \alpha = 3t + 5 \end{cases}$$

となる．これを解くと $t = -1$, $\alpha = 2$ であり，④ から $\beta = 1$ である．

$t = -1$ と ①' より，H の座標は
$$(\boxed{4}, \boxed{1}, \boxed{3})$$

である．よって
$$\vec{CH} = \vec{OH} - \vec{OC}$$
$$= (4, 1, 3) - (2, 6, 4)$$
$$= (2, -5, -1)$$

であるから
$$|\vec{CH}| = \sqrt{2^2 + (-5)^2 + (-1)^2} = \sqrt{\boxed{30}}$$

である．

←　$\alpha = 2$, $\beta = 1$ と ②' から H の座標を求めてもよい．

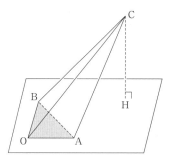

したがって，四面体 OABC の体積 V は
$$V = \frac{1}{3} \times \triangle\text{OAB} \times |\overrightarrow{\text{CH}}|$$
$$= \frac{1}{3} \times \frac{\sqrt{30}}{2} \times \sqrt{30}$$
$$= \boxed{5}$$
である．

P は直線 OC 上の O とは異なる点であるから，0 でない実数 p を用いて
$$\overrightarrow{\text{OP}} = p\overrightarrow{\text{OC}}$$
$$= p(2, 6, 4)$$
$$= (2p, 6p, 4p) \quad \cdots ⑥$$
と表せる．

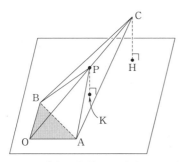

P を通り平面 OAB に垂直な直線と，平面 OAB の交点を K とすると
$$\frac{(四面体\,\text{OABP}\,の体積)}{(四面体\,\text{OABC}\,の体積)} = \frac{\frac{1}{3} \times \triangle\text{OAB} \times \text{PK}}{\frac{1}{3} \times \triangle\text{OAB} \times \text{CH}}$$
$$= \frac{\text{PK}}{\text{CH}} = \frac{|\overrightarrow{\text{OP}}|}{|\overrightarrow{\text{OC}}|} = |p|$$
であるから
$$(四面体\,\text{OABP}\,の体積) = |p| \times V$$
である．これが $\dfrac{V}{2}$ となるのは
$$|p| = \frac{1}{2}$$
すなわち
$$p = \pm \frac{1}{2}$$
のときである．このとき，P の座標は，⑥ より
$$(\boxed{1}, \boxed{3}, \boxed{2}) \quad と \quad (\boxed{-1}, \boxed{-3}, \boxed{-2})$$
である．

$\dfrac{\text{PK}}{\text{CH}} = \dfrac{|\overrightarrow{\text{OP}}|}{|\overrightarrow{\text{OC}}|}$ について，例えば $0 < p < 1$ のときの図は下のようになる．

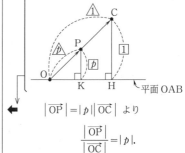

$|\overrightarrow{\text{OP}}| = |p||\overrightarrow{\text{OC}}|$ より
$$\frac{|\overrightarrow{\text{OP}}|}{|\overrightarrow{\text{OC}}|} = |p|.$$

$p \neq 0$ を満たす．

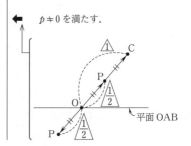

第7問　平面上の曲線と複素数平面

点 $x+yi$ を原点Oを中心に $\dfrac{\pi}{6}$ だけ回転した点が $X+Yi$ なので，点 $X+Yi$ を原点Oを中心に $-\dfrac{\pi}{6}$ だけ回転した点が $x+yi$ であるから

$$x+yi = \left\{\cos\left(-\dfrac{\pi}{6}\right) + i\sin\left(-\dfrac{\pi}{6}\right)\right\}(X+Yi) \quad (\boxed{\text{⓪}})$$

$$= \left(\dfrac{\sqrt{3}}{2} - \dfrac{1}{2}i\right)(X+Yi)$$

$$= \dfrac{\sqrt{3}}{2}X + \dfrac{\sqrt{3}}{2}Yi - \dfrac{1}{2}Xi - \dfrac{1}{2}Yi^2$$

$$= \dfrac{\sqrt{3}X+Y}{2} + \dfrac{-X+\sqrt{3}Y}{2}i.$$

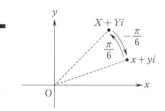

したがって

$$x = \dfrac{\sqrt{3}X+Y}{2}, \quad (\boxed{\text{⓪}})$$

$$y = \dfrac{-X+\sqrt{3}Y}{2}. \quad (\boxed{\text{②}})$$

a, b, c, d は実数とする．
$$a+bi = c+di$$
$$\Leftrightarrow a=c \text{ かつ } b=d.$$

$X+Yi$ が C_2 上の点となる X と Y の条件は

$$x = \dfrac{\sqrt{3}X+Y}{2}, \quad y = \dfrac{-X+\sqrt{3}Y}{2}$$

を

$$5x^2 - 2\sqrt{3}xy + 3y^2 - 6 = 0$$

に代入した

$$5\left(\dfrac{\sqrt{3}X+Y}{2}\right)^2 - 2\sqrt{3} \cdot \dfrac{\sqrt{3}X+Y}{2} \cdot \dfrac{-X+\sqrt{3}Y}{2}$$
$$+ 3\left(\dfrac{-X+\sqrt{3}Y}{2}\right)^2 - 6 = 0$$

が成り立つことである．整理すると

$$5 \cdot \dfrac{3X^2+2\sqrt{3}XY+Y^2}{4} - 2\sqrt{3} \cdot \dfrac{-\sqrt{3}X^2+2XY+\sqrt{3}Y^2}{4}$$
$$+ 3 \cdot \dfrac{X^2-2\sqrt{3}XY+3Y^2}{4} - 6 = 0.$$

よって

$$3X^2 + Y^2 = 3.$$

したがって，C_2 上の点を $X+Yi$ とすると，X, Y は

$$\boxed{3}X^2 + Y^2 = \boxed{3}$$

を満たす．

また，

$$\dfrac{X^2}{1^2} + \dfrac{Y^2}{(\sqrt{3})^2} = 1$$

と変形できるので，C_2 は楕円であり，C_1 は C_2 を原点Oを中心に

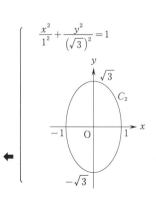

$$\begin{cases} \dfrac{x^2}{1^2} + \dfrac{y^2}{(\sqrt{3})^2} = 1 \end{cases}$$

$-\dfrac{\pi}{6}$ だけ回転した曲線であるから，C_1 は次のようになる．

(②)

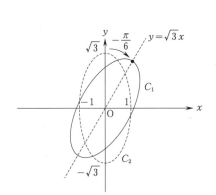

C_1 上の $x\geqq 0$, $y\geqq 0$ を満たす点で，原点からの距離が最大となる点をPとすると，Pは点 $\sqrt{3}\,i$ を原点Oを中心に $-\dfrac{\pi}{6}$ だけ回転した点であるから

$$\left\{\cos\left(-\dfrac{\pi}{6}\right)+i\sin\left(-\dfrac{\pi}{6}\right)\right\}\cdot\sqrt{3}\,i=\left(\dfrac{\sqrt{3}}{2}-\dfrac{1}{2}i\right)\cdot\sqrt{3}\,i$$
$$=\dfrac{\sqrt{3}}{2}+\dfrac{3}{2}i.$$

よって，点Pを表す複素数は

$$\dfrac{\sqrt{\boxed{3}}}{\boxed{2}}+\dfrac{\boxed{3}}{\boxed{2}}i$$

である．

【$\boxed{キ}$，$\boxed{ク}$，$\boxed{ケ}$，$\boxed{コ}$】について

点 $X+Yi$ を原点Oを中心に $-\dfrac{\pi}{6}$ だけ回転した点を $x+yi$ とすると

$$x=\dfrac{\sqrt{3}\,X+Y}{2}, \quad y=\dfrac{-X+\sqrt{3}\,Y}{2}$$

が成り立つので，$X=0$，$Y=\sqrt{3}$ を代入して

$$x=\dfrac{\sqrt{3}}{2}, \quad y=\dfrac{3}{2}.$$

これより，点Pを表す複素数は

$$\dfrac{\sqrt{3}}{2}+\dfrac{3}{2}i$$

としてもよい．

← Pは長軸上の点である．

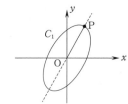

← $\mathrm{OP}=\sqrt{3}$ であることに着目して，比を用いて次のように求めてもよい．

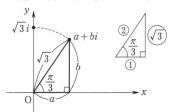

$a=\sqrt{3}\cos\dfrac{\pi}{3}=\dfrac{\sqrt{3}}{2}$, $b=\sqrt{3}\sin\dfrac{\pi}{3}=\dfrac{3}{2}$

より

$$a+bi=\dfrac{\sqrt{3}}{2}+\dfrac{3}{2}i.$$

MEMO

第4回 解答・解説

設問別正答率

解答記号①	ア	イ	ウ	エ	オ-キ	ク	ケ-コ	サ	シ	ス-タ
配点	1	1	1	1	2	1	1	2	2	3
正答率(%)	87.4	87.9	61.4	59.8	36.7	92.3	85.9	71.2	43.3	2.2

解答記号②	アーイ	ウ	エ-オ	カ	キ-ケ	コ-サ	シ-ス	セ-ソ
配点	2	2	2	1	1	2	2	3
正答率(%)	77.7	87.7	68.4	67.2	83.7	65.9	61.1	53.0

解答記号③	アーエ	オ	カ	キ	ク-ケ	コ	サ-ス	セ	ソ	ターチ	ツ	テ	ト
配点	1	1	1	1	1	2	2	2	1	1	2	1	1
正答率(%)	92.4	87.0	85.4	86.5	84.7	60.3	51.9	30.1	31.6	70.7	41.4	63.4	60.5

解答記号	ナ-ノ	ハ-フ
配点	2	3
正答率(%)	29.1	8.3

解答記号④	アーイ	ウ-カ	キ	ク	ケ	コ-サ	シ-ス	セ	ソ	ターチ	ツ-ニ
配点	1	2	2	1	1	1	1	1	1	2	3
正答率(%)	76.8	47.1	42.8	80.9	81.9	67.6	72.1	66.6	60.1	59.2	1.6

解答記号⑤	アーイ	ウ	エ-オ	カ	キ	ク-コ	サ-シ	ス	セ-ソ	タ	チ-ツ	テ-ト	ナ-ネ
配点	1	1	1	1	1	1	2	1	2	1	2	1	2
正答率(%)	90.3	76.3	46.7	52.4	55.1	38.5	16.0	28.4	25.0	27.5	45.2	26.6	5.2

解答記号⑥	アーイ	ウ-エ	オ-キ	ク-サ	シ-ス	セ-ソ	ターツ	テ	ト-ナ	ニ-ヌ	ネ-ハ
配点	1	1	1	2	1	1	2	1	2	2	2
正答率(%)	84.1	86.6	54.9	40.8	39.7	58.0	20.7	56.6	40.0	22.1	9.7

解答記号⑦	アーイ	ウ-オ	カ-キ	ク-ケ	コ	サ	シ-セ	ソ-タ	チ-ツ
配点	1	2	1	2	2	2	2	2	2
正答率(%)	85.0	64.3	55.9	48.6	50.1	25.3	29.9	29.8	12.2

設問別成績一覧

設問	設問内容	配点	平均点	標準偏差
合計		100	48.7	20.6
①	加法定理，2倍角の公式，方程式	15	7.8	3.3
②	指数方程式，指数関数の応用	15	10.3	4.8
③	方程式への応用，接線，面積	22	11.1	5.5
④	等差数列，階差数列，群数列	16	8.1	4.2
⑤	二項分布と正規分布，区間推定	16	5.8	4.0
⑥	交点の位置ベクトル，三角形の面積	16	6.5	4.7
⑦	円と直線の2交点間の距離	16	6.6	4.9

（100点満点）

問題番号	解答記号	正　解	配点	自己採点
第1問	ア	1	1	
	イ	3	1	
	ウ	1	1	
	エ	3	1	
	$\dfrac{\sqrt{オ}+\sqrt{カ}}{キ}$	$\dfrac{\sqrt{6}+\sqrt{2}}{4}$	2	
	ク	2	1	
	ケ, コ	2, 1	1	
	$\sqrt{サ}$	$\sqrt{3}$	2	
	$\dfrac{\pi}{シ}$	$\dfrac{\pi}{3}$	2	
	ス, セ, $\dfrac{ソ}{タ}$	9, 3, $\dfrac{7}{9}$	3	
第1問　自己採点小計			(15)	
第2問	$アt^{イ}$	$3t^2$	2	
	$ウt$	$7t$	2	
	エオ	-1	2	
	$\log_3 カ$	$\log_3 2$	1	
	キクケ	300	1	
	$\dfrac{コ}{サ}$	$\dfrac{1}{2}$	2	
	$\dfrac{シ}{ス}$	$\dfrac{1}{8}$	2	
	セソ	10	3	
第2問　自己採点小計			(15)	

問題番号	解答記号	正　解	配点	自己採点
第3問	$アx^2 - イウx + エ$	$3x^2 - 12x + 9$	1	
	オ	1	1	
	カ	3	1	
	キ	3	1	
	クケ	-1	1	
	コ	4	2	
	サシ$<k<$ス	$-1<k<3$	2	
	セ	3	2	
	ソ	3	1	
	タチ	-3	1	
	ツ	7	2	
	テ	1	1	
	ト	0	1	
	ナニヌ, ネノ	-11, 15	2	
	$\dfrac{ハヒ}{フ}$	$\dfrac{16}{3}$	3	
第3問　自己採点小計			(22)	

第4回

問題番号	解答記号	正解	配点	自己採点
第4問	$アn-イ$	$3n-4$	1	
	$\dfrac{ウ}{エ}n^2-\dfrac{オ}{カ}n$	$\dfrac{3}{2}n^2-\dfrac{5}{2}n$	2	
	キ	0	2	
	ク	1	1	
	ケ	2	1	
	コサ	25	1	
	シス	35	1	
	セ	1	1	
	ソ	3	1	
	$タk+チ$	$2k+1$	2	
	$\dfrac{ツ}{テ}$, $トm^2+ナm+ニ$	$\dfrac{1}{6}$, $4m^2+3m+5$	3	
	第4問 自己採点小計		(16)	
第5問	$\dfrac{ア}{イ}$	$\dfrac{1}{3}$	1	
	ウ	1	1	
	$\dfrac{エ}{オ}$	$\dfrac{2}{3}$	1	
	カ	3	1	
	キ	2	1	
	$\dfrac{クp+ケ}{コ}$	$\dfrac{4p+1}{5}$	1	
	$\dfrac{サ}{シ}$	$\dfrac{1}{4}$	2	
	ス	6	1	
	$Z=-セ.ソ$	$Z=-1.5$	1	
	タ	3	2	
	$\dfrac{チ}{ツ}$	$\dfrac{4}{5}$	1	
	テ, ト	2, 1	1	
	0.ナニ, 0.ヌネ	0.78, 0.82	2	
	第5問 自己採点小計		(16)	

問題番号	解答記号	正解	配点	自己採点
第6問	$\dfrac{ア}{イ}$	$\dfrac{3}{5}$	1	
	$\dfrac{ウ}{エ}$	$\dfrac{1}{2}$	1	
	オ, $\dfrac{カ}{キ}$	1, $\dfrac{3}{5}$	1	
	$\dfrac{ク}{ケ}$, $\dfrac{コ}{サ}$	$\dfrac{3}{4}$, $\dfrac{5}{8}$	2	
	$\dfrac{シ}{ス}$	$\dfrac{3}{8}$	1	
	$\dfrac{セ}{ソ}$	$\dfrac{1}{3}$	1	
	$\dfrac{タ}{チツ}$	$\dfrac{1}{12}$	2	
	テ	2	1	
	トナ	-2	2	
	$ニ\sqrt{ヌ}$	$2\sqrt{2}$	2	
	$\dfrac{\sqrt{ネ}}{ノハ}$	$\dfrac{\sqrt{2}}{12}$	2	
	第6問 自己採点小計		(16)	
第7問	ア, イ	2, 1	1	
	ウ, エ, オ	1, 4, 3	2	
	$カ-キm^2$	$1-3m^2$	1	
	$-\dfrac{\sqrt{ク}}{ケ}$	$-\dfrac{\sqrt{3}}{3}$	2	
	コ	2	2	
	サ	1	2	
	シ, ス, セ	2, 2, 1	2	
	$\dfrac{\sqrt{ソ}}{タ}$	$\dfrac{\sqrt{2}}{2}$	2	
	$\pm\dfrac{\sqrt{チ}}{ツ}$	$\pm\dfrac{\sqrt{7}}{7}$	2	
	第7問 自己採点小計		(16)	
	自己採点合計		(100)	

(注) 第1問～第3問は必答。第4問～第7問のうちから3問選択。計6問を解答。

第1問 三角関数

(1) $\cos\dfrac{\pi}{3}=\dfrac{1}{2}$, $\sin\dfrac{\pi}{3}=\dfrac{\sqrt{3}}{2}$ （⓪, ③）

であるから，三角関数の加法定理より

$$\cos\left(x-\dfrac{\pi}{3}\right)=\cos x\cos\dfrac{\pi}{3}+\sin x\sin\dfrac{\pi}{3}$$
$$=\dfrac{1}{2}\cos x+\dfrac{\sqrt{3}}{2}\sin x \quad\cdots ①$$

が成り立つ．（⓪, ③）

① において $x=\dfrac{\pi}{4}$ とすると

$$\cos\left(\dfrac{\pi}{4}-\dfrac{\pi}{3}\right)=\dfrac{1}{2}\cos\dfrac{\pi}{4}+\dfrac{\sqrt{3}}{2}\sin\dfrac{\pi}{4}$$
$$=\dfrac{1}{2}\cdot\dfrac{\sqrt{2}}{2}+\dfrac{\sqrt{3}}{2}\cdot\dfrac{\sqrt{2}}{2}$$
$$=\dfrac{\sqrt{6}+\sqrt{2}}{4}$$

となるから

$$\cos\left(-\dfrac{\pi}{12}\right)=\dfrac{\sqrt{6}+\sqrt{2}}{4}$$

である．したがって

$$\cos\dfrac{\pi}{12}=\cos\left(-\dfrac{\pi}{12}\right)=\dfrac{\sqrt{\boxed{6}}+\sqrt{\boxed{2}}}{\boxed{4}}$$

である．

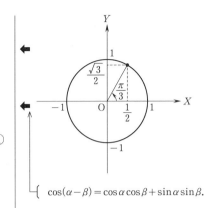

$\cos(\alpha-\beta)=\cos\alpha\cos\beta+\sin\alpha\sin\beta.$

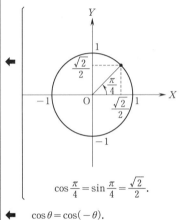

$\cos\dfrac{\pi}{4}=\sin\dfrac{\pi}{4}=\dfrac{\sqrt{2}}{2}.$

$\cos\theta=\cos(-\theta).$

(2) $2\cos^2\theta+2\sqrt{3}\sin\theta\cos\theta=2\cos\theta+1.\quad\cdots ②$

2倍角の公式

$$\sin 2\theta=\boxed{2}\sin\theta\cos\theta,$$
$$\cos 2\theta=\boxed{2}\cos^2\theta-\boxed{1} \quad\cdots ③$$

を用いて②を変形する．③より

$$\cos^2\theta=\dfrac{1+\cos 2\theta}{2},\quad \sin\theta\cos\theta=\dfrac{\sin 2\theta}{2}$$

であるから，②は

$$2\cdot\dfrac{1+\cos 2\theta}{2}+2\sqrt{3}\cdot\dfrac{\sin 2\theta}{2}=2\cos\theta+1$$

すなわち

$$\cos 2\theta+\sqrt{\boxed{3}}\sin 2\theta=2\cos\theta \quad\cdots ②'$$

と変形でき，さらに，①において x を 2θ とした式の両辺を2倍すると

$$2\cos\left(2\theta-\dfrac{\pi}{3}\right)=\cos 2\theta+\sqrt{3}\sin 2\theta$$

となるから，②′は

① で $x=2\theta$ とすると
$$\cos\left(2\theta-\dfrac{\pi}{3}\right)=\dfrac{1}{2}\cos 2\theta+\dfrac{\sqrt{3}}{2}\sin 2\theta.$$
この式の両辺を2倍する．

$$2\cos\left(2\theta - \frac{\pi}{3}\right) = 2\cos\theta$$

すなわち

$$\cos\left(2\theta - \frac{\pi}{\boxed{3}}\right) = \cos\theta$$

となる．よって，m, n を整数として

$$2\theta - \frac{\pi}{3} = \theta + 2m\pi, \quad 2\theta - \frac{\pi}{3} = -\theta + 2n\pi$$

すなわち

$$\theta = \frac{\pi}{3} + 2m\pi, \quad \theta = \frac{\pi}{9} + \frac{2n\pi}{3}$$

が成り立つ．

したがって，$0 \leqq \theta \leqq \pi$ のとき，② を満たす θ は

$$\theta = \frac{\pi}{\boxed{9}},\ \frac{\pi}{\boxed{3}},\ \frac{\boxed{7}}{\boxed{9}}\pi$$

である．

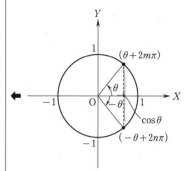

$$\begin{cases} \theta = \dfrac{\pi}{3} + 2m\pi \text{ において} \\ \qquad m = 0, \\ \theta = \dfrac{\pi}{9} + \dfrac{2n\pi}{3} \text{ において} \\ \qquad n = 0,\ 1 \\ \text{の場合である．} \end{cases}$$

第2問　指数関数・対数関数

［1］

$$3^{2x+1}-7\cdot3^x+2=0. \qquad \cdots(*)$$

$t=3^x$ とすると

$$3^{2x+1}=(3^x)^2\times3^1=\boxed{3}\,t^{\boxed{2}}$$

であるから，$(*)$ は

$$3t^2-\boxed{7}\,t+2=0$$

となる．よって，$(3t-1)(t-2)=0$ より

$$t=\frac{1}{3},\ 2.$$

ここで，$t=\dfrac{1}{3}$ のとき

$$3^x=3^{-1}\quad\text{すなわち}\quad x=-1$$

であり，$t=2$ のとき

$$3^x=2\quad\text{すなわち}\quad x=\log_3 2$$

である．

したがって，$(*)$ を満たす x の値は

$$\boxed{-1},\ \log_3\boxed{2}$$

である．

← a が正の数，x，y が実数であるとき
$$a^{x+y}=a^x a^y,$$
$$a^{xy}=(a^x)^y.$$

← $a\neq0$ のとき $a^{-1}=\dfrac{1}{a}$.

← a が1でない正の数，M が正の数，r が実数であるとき
$$a^r=M\iff r=\log_a M.$$

［2］

正の定数 k，a に対し

$$E(n)=k\cdot a^{-n}\quad(n=0,\ 1,\ 2,\ \cdots).$$

$E(0)=300$，$E(2)=75$ より

$$\begin{cases} k\cdot a^0=300, & \cdots① \\ k\cdot a^{-2}=75. & \cdots② \end{cases}$$

① より

$$k=300.$$

これを ② に代入すると

$$300\cdot\frac{1}{a^2}=75\quad\text{すなわち}\quad a^2=4$$

となるから，$a=2$ である．

したがって，

$$E(n)=300\cdot2^{-n}=\boxed{300}\cdot\left(\frac{\boxed{1}}{\boxed{2}}\right)^n.$$

・ 薬包紙が5枚のときと8枚のときに測定される照度は，それぞれ

$$E(5)=300\cdot\left(\frac{1}{2}\right)^5=\frac{300}{2^5},\quad E(8)=300\cdot\left(\frac{1}{2}\right)^8=\frac{300}{2^8}$$

である．

← 薬包紙が0枚のとき照度は300ルクス，2枚のときは75ルクス．

← $a\neq0$ のとき $a^0=1$.

← $a\neq0$ のとき $a^{-n}=\dfrac{1}{a^n}$.

← $a>0$.

← $2^{-n}=(2^{-1})^n=\left(\dfrac{1}{2}\right)^n$.

したがって，薬包紙を 5 枚から 8 枚に増やすと照度は

$$\frac{E(8)}{E(5)} = \frac{300}{2^8} \div \frac{300}{2^5}$$

$$= \frac{\boxed{1}}{\boxed{8}} \ (倍)$$

になる．

← $E(5) \times \blacksquare = E(8)$ の式の$\blacksquare$を求める．
$$\blacksquare = \frac{E(8)}{E(5)}.$$

・ $E(n) < E(0) \times \dfrac{1}{1000}$ を満たす最小の自然数 n を求める．

$$300 \cdot \left(\frac{1}{2}\right)^n < 300 \times \frac{1}{1000}$$

より

$$\frac{1}{2^n} < \frac{1}{1000} \quad すなわち \quad 2^n > 1000.$$

n が増えると 2^n は増加し，$2^9 = 512$，$2^{10} = 1024$ であるから，$2^n > 1000$ を満たす最小の自然数 n は 10 である．したがって，条件を満たす薬包紙の枚数は $\boxed{10}$ 枚である．

← 初期状態の照度は $E(0)$ ルクス．

第3問　微分法・積分法

$f(x) = x^3 - 6x^2 + 9x - 1$ であるから，

$$f'(x) = \boxed{3}x^2 - \boxed{12}x + \boxed{9}$$
$$= 3(x-1)(x-3).$$

したがって，$f(x)$ の増減は次のようになる．

x	$\cdots$	1	$\cdots$	3	$\cdots$
$f'(x)$	$+$	0	$-$	0	$+$
$f(x)$	↗	3	↘	-1	↗

よって，$f(x)$ は

$$x = \boxed{1} \text{ で極大値 } \boxed{3}$$
$$x = \boxed{3} \text{ で極小値 } \boxed{-1}$$

をとる．

← $f'(x)$ の符号は，$y = f'(x)$ のグラフで判断するとよい．

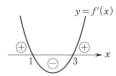

(1) x の方程式
$$f(x) = k \quad \cdots (*)$$
について考える．

(i) $k = 3$ のとき，(*) は
$$x^3 - 6x^2 + 9x - 1 = 3$$
であり，この式を変形すると
$$x^3 - 6x^2 + 9x - 4 = 0$$
すなわち
$$(x-1)^2(x-4) = 0$$
となるから，(*) の実数解は
$$x = 1, \boxed{4}$$
である．

← $f(1) = 3$ であるから，この方程式は $x = 1$ を解にもつ．

← $x = 1$ は重解である．

(ii) k が実数の定数のとき，方程式 $f(x) = k$ の実数解は，曲線 $y = f(x)$ と直線 $y = k$ の共有点の x 座標である．よって，次ページの図より，(*) が異なる三つの実数解をもつような k の値の範囲は $\boxed{-1} < k < \boxed{3}$ である．

このとき，(*) の実数解のうち正であるものは $\boxed{3}$ 個あり，そのうち最大のものを α とすると，グラフより $3 < \alpha < 4$ であるから，α の整数部分は $\boxed{3}$ である．

← 曲線 $y = f(x)$ と直線 $y = k$ が異なる三つの共有点をもつような k の値の範囲を求める．

← 曲線 $y = f(x)$ と直線 $y = k$ の三つの共有点の x 座標はすべて正である．

← 曲線 $y = f(x)$ と直線 $y = k$ の三つの共有点のうち，x 座標が最大のものの x 座標は，3 より大きく 4 より小さい．

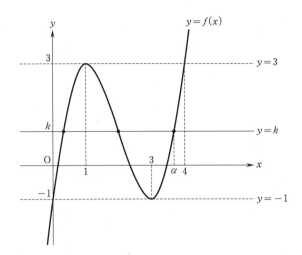

(2) $f(2)=1$, $f'(2)=\boxed{-3}$ であるから，点 A$(2, f(2))$ における C_1 の接線 ℓ の方程式は
$$y=-3(x-2)+1$$
すなわち
$$y=-3x+\boxed{7}$$
である．
　次に
$$g(x)=2x^2+px+q \quad (p, q \text{ は実数})$$
であり，$C_2: y=g(x)$ は，点 A を通り，点 A における C_2 の接線が ℓ であるから
$$g(2)=f(2) \quad \text{かつ} \quad g'(2)=f'(2) \quad (\boxed{⓪}, \boxed{⓪})$$
が成り立つ．$g'(x)=4x+p$ であるから
$$8+2p+q=1 \quad \text{かつ} \quad 8+p=-3$$
より
$$p=\boxed{-11}, \quad q=\boxed{15}$$
である．したがって，
$$g(x)=2x^2-11x+15.$$

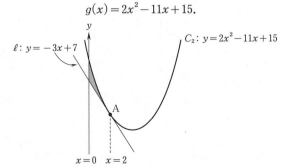

C_2 と ℓ および y 軸で囲まれた図形の面積は
$$\int_0^2 \{(2x^2-11x+15)-(-3x+7)\}dx$$

― 接線の方程式 ―

　曲線 $C: y=f(x)$ 上の点 $(t, f(t))$ における C の接線の傾きは $f'(t)$ であり，接線の方程式は
$$y=f'(t)(x-t)+f(t)$$
である．

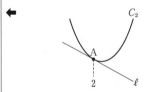

― 面積 ―

　区間 $\alpha \leqq x \leqq \beta$ においてつねに $f(x) \geqq g(x)$ のとき，2 曲線 $y=f(x)$, $y=g(x)$ および 2 直線 $x=\alpha$, $x=\beta$ で囲まれた図形の面積 S は
$$S=\int_\alpha^\beta \{f(x)-g(x)\}dx.$$

$$= \int_0^2 (2x^2 - 8x + 8)\,dx$$

$$= \left[\frac{2}{3}x^3 - 4x^2 + 8x\right]_0^2$$

$$= \frac{\boxed{16}}{\boxed{3}}$$

である.

$$\int (x-\alpha)^2\,dx = \frac{1}{3}(x-\alpha)^3 + C.$$

（α は実数，C は積分定数.）

上の公式を用いて

$$\int_0^2 (2x^2 - 8x + 8)\,dx$$

$$= \int_0^2 2(x-2)^2\,dx$$

$$= \left[2 \cdot \frac{1}{3}(x-2)^3\right]_0^2$$

$$= \frac{16}{3}$$

のように計算してもよい.

第4問 数 列

[1]

数列 $\{a_n\}$ は，初項 a_1 が -1，公差が 3 の等差数列であるから

$$a_n = -1 + (n-1) \cdot 3$$
$$= \boxed{3}\, n - \boxed{4} \quad (n = 1, 2, 3, \cdots)$$

である．等差数列 $\{a_n\}$ の初項から第 n 項までの和 S_n は

$$S_n = \frac{n(a_1 + a_n)}{2}$$
$$= \frac{n\{(-1) + (3n-4)\}}{2}$$
$$= \frac{\boxed{3}}{\boxed{2}} n^2 - \frac{\boxed{5}}{\boxed{2}} n \quad (n = 1, 2, 3, \cdots).$$

数列 $\{b_n\}$ の階差数列が数列 $\{a_n\}$ であるから，$n \geqq 2$ のとき

$$b_n = b_1 + \sum_{k=1}^{n-1} a_k$$
$$= b_1 + (a_1 + a_2 + \cdots + a_{n-1})$$
$$= b_1 + S_{n-1} \quad \left(\boxed{0} \right)$$

が成り立つ．

> **等差数列の一般項**
> 初項 a，公差 d の等差数列 $\{a_n\}$ の一般項は
> $$a_n = a + (n-1)d.$$

> **等差数列の和**
> 初項 a，末項 ℓ，項数 n の等差数列の和は
> $$\frac{n(a+\ell)}{2}.$$

> 数列 $\{b_n\}$ の階差数列が $\{a_n\}$ であるとき，$n \geqq 2$ として
> $$b_n = b_1 + \sum_{k=1}^{n-1} a_k.$$

[2]

(1) $1 < 2 < 3 < 4$ より，$1 < \sqrt{2} < \sqrt{3} < 2$ であるから

$$c_1 = c_2 = c_3 = \boxed{1}.$$

また，$\sqrt{4} = 2$ より

$$c_4 = \boxed{2}.$$

(2) $c_n = 5$ （n は自然数）のとき，

$$5 \leqq \sqrt{n} < 6 \quad \text{すなわち} \quad 5^2 \leqq n < 6^2$$

が成り立つから，$c_n = 5$ となる自然数 n の最小値は

$$5^2 = \boxed{25}, \quad \text{最大値は} \quad 6^2 - 1 = \boxed{35} \quad \text{である．}$$

> $\sqrt{n}$ の整数部分が 5.

(3) k を自然数とする．自然数 n に対して

$$c_n = k \iff k \leqq \sqrt{n} < k+1$$
$$\iff k^2 \leqq n < (k+1)^2 \quad \cdots (*)$$

が成り立つから，$c_n = k$ となる自然数 n の

最小値は $\underset{\sim}{k^2} \left(\boxed{0} \right)$，

最大値は $(k+1)^2 - 1 = \underset{\text{-----}}{k^2 + 2k} \left(\boxed{3} \right)$

であり，$c_n = k$ となる自然数 n の個数は

$$\underset{\text{-----}}{k^2 + 2k} - \underset{\sim}{k^2} + 1 = \boxed{2}\, k + \boxed{1} \quad \text{（個）}$$

> $n = k^2, \ k^2 + 1, \ \cdots, \ (k+1)^2 - 1.$

> M, N が $M < N$ を満たす整数であるとき，M 以上 N 以下の整数は
> $$N - M + 1 \ \text{（個）}.$$

である.

したがって，数列 $\{c_n\}$ の項のうち，値が k であるものの総和 T_k は

$$T_k = k(2k+1) \quad (k = 1, 2, 3, \cdots)$$

である.

$\Leftarrow$ 値が k である項が $(2k+1)$ 個.

(4) m を 2 以上の整数とする.

まず

$$m^2 < m(m+1) < (m+1)^2$$

より

$$m < \sqrt{m(m+1)} < m+1$$

が成り立つから，数列 $\{c_n\}$ の第 $m(m+1)$ 項は

$$c_{m(m+1)} = m$$

であることに注意する.

$\Leftarrow$ $\sqrt{m(m+1)}$ の整数部分は m.

さらに，$c_n = m$ となる自然数 n の最小値は $\underline{m^2}$ であるから，数列 $\{c_n\}$ の初項から第 $\underline{m(m+1)}$ 項までのうち，値が m であるものは

$$\underline{m(m+1)} - \underline{m^2} + 1 = m+1 \ （個）$$

ある.

$\Leftarrow$ (*) より
$$c_n = m \iff m^2 \leqq n < (m+1)^2.$$

以上のことより，数列 $\{c_n\}$ の初項から第 $m(m+1)$ 項までを，項の値によって分類すると以下のようになる.

値	n の範囲	項数	和
$c_n = 1$	$1 \leqq n < 4$	3	T_1
$c_n = 2$	$4 \leqq n < 9$	5	T_2
$c_n = 3$	$9 \leqq n < 16$	7	T_3
$\vdots$	$\vdots$	$\vdots$	$\vdots$
$c_n = k$	$k^2 \leqq n < (k+1)^2$	$2k+1$	T_k
$\vdots$	$\vdots$	$\vdots$	$\vdots$
$c_n = m-1$	$(m-1)^2 \leqq n < m^2$	$2m-1$	T_{m-1}
$c_n = m$	$m^2 \leqq n \leqq m(m+1)$	$m+1$	$m(m+1)$

$\Leftarrow$ (*) より
$$c_n = k \iff k^2 \leqq n < (k+1)^2.$$

$\Leftarrow$ 値が m である項が $(m+1)$ 個.

したがって，$m \geqq 2$ に対し

$$U_m = (T_1 + T_2 + T_3 + \cdots + T_{m-1}) + m(m+1)$$
$$= \sum_{k=1}^{m-1} T_k + m(m+1)$$
$$= \sum_{k=1}^{m-1} k(2k+1) + m(m+1)$$
$$= 2\sum_{k=1}^{m-1} k^2 + \sum_{k=1}^{m-1} k + m(m+1)$$

$\Leftarrow$ $T_k = k(2k+1)$.

$$= 2 \cdot \frac{(m-1)m(2m-1)}{6} + \frac{(m-1)m}{2} + m(m+1)$$

$$= \frac{1}{6}m\{2(m-1)(2m-1) + 3(m-1) + 6(m+1)\}$$

$$= \frac{\boxed{1}}{\boxed{6}}m(\boxed{4}m^2 + \boxed{3}m + \boxed{5}).$$

─ 和の公式 ─

n を自然数とする.

$$\sum_{k=1}^{n} k = \frac{n(n+1)}{2},$$

$$\sum_{k=1}^{n} k^2 = \frac{n(n+1)(2n+1)}{6}.$$

第5問　統計的な推測

(1) **標準さいころを1回投げたとき，3，6の目が出る確率はそれぞ**れ $\dfrac{1}{6}$ であるから，3の倍数の目が出る確率は

$$\frac{1}{6}+\frac{1}{6}=\frac{\boxed{1}}{\boxed{3}}$$

である．

$n=3$ のとき

$$P(X=r)={}_3C_r\left(\frac{1}{3}\right)^r\left(\frac{2}{3}\right)^{3-r}\quad(r=0,\ 1,\ 2,\ 3)$$

であるから，X は二項分布 $B\left(3,\ \dfrac{1}{3}\right)$ に従う．よって，X の平均（期待値）は

$$E(X)=3\cdot\frac{1}{3}=\boxed{1}$$

であり，X の分散は

$$V(X)=3\cdot\frac{1}{3}\cdot\left(1-\frac{1}{3}\right)=\frac{\boxed{2}}{\boxed{3}}$$

である．また，$Y=\boxed{3}-X$ であるから，Y の平均は

$$\begin{aligned}E(Y)&=E(3-X)\\&=3-E(X)\\&=\boxed{2}\end{aligned}$$

である．

(2) **歪んださいころを1回投げたとき，3，6の目が出る確率はそれ**ぞれ $\dfrac{1-p}{5}$，p であるから，3の倍数の目が出る確率 q は

$$q=\frac{1-p}{5}+p=\frac{\boxed{4}\,p+\boxed{1}}{\boxed{5}}$$

である．

(i) $n=150$ のとき，X は二項分布 $B(150,\ q)$ に従うので，X の平均が60であることから

$$150q=60\quad\text{すなわち}\quad q=\frac{2}{5}$$

である．$q=\dfrac{4p+1}{5}$ より

$$\frac{4p+1}{5}=\frac{2}{5}$$

すなわち

$$p=\frac{\boxed{1}}{\boxed{4}}$$

二項分布

　試行 T で事象 A の起こる確率が p であるとする．

　この試行 T を独立に n 回行ったとき，事象 A が起こる回数を表す確率変数を X とすると

$$P(X=r)={}_nC_r\,p^r(1-p)^{n-r}$$
$$(r=0,\ 1,\ 2,\ \cdots,\ n)$$

が成り立つ．この X が従う確率分布を二項分布といい，$B(n,\ p)$ で表す．

　二項分布 $B(n,\ p)$ に従う確率変数 X に対し，X の平均（期待値），分散，標準偏差はそれぞれ

$$E(X)=np,$$
$$V(X)=np(1-p),$$
$$\sigma(X)=\sqrt{np(1-p)}$$

である．

X が確率変数，a，b が定数であるとき

$$E(aX+b)=aE(X)+b.$$

r を $0\leqq r\leqq150$ を満たす整数とするとき，$X=r$ となる確率は

$${}_{150}C_r\,q^r(1-q)^{150-r}.$$

$E(X)=150q.$

であり，X の標準偏差は
$$\sigma(X) = \sqrt{150q(1-q)} = \sqrt{150 \cdot \frac{2}{5} \cdot \frac{3}{5}}$$
$$= \boxed{6}$$
である．$n = 150$ は十分に大きいので，$Z = \dfrac{X-60}{6}$ とおくと，Z は近似的に標準正規分布に従う．

$X = 51$ のとき
$$Z = \frac{51-60}{6} = -\boxed{1}.\boxed{5}$$
であるから，$X \geqq 51$ となる確率の近似値は正規分布表から次のように求められる．
$$\begin{aligned}P(X \geqq 51) &= P(Z \geqq -1.5) \\ &= P(-1.5 \leqq Z \leqq 0) + P(Z \geqq 0) \\ &= P(0 \leqq Z \leqq 1.5) + P(Z \geqq 0) \\ &= 0.4332 + 0.5 \\ &= 0.9332 \\ &\fallingdotseq 0.933 \quad (\boxed{③}).\end{aligned}$$

(ii) 歪んださいころを 1600 回投げたとき，3 の倍数の目が出た回数の割合を $R = \dfrac{X}{1600}$ とすると，$X = 1280$ のときの R の値は
$$\frac{1280}{1600} = \frac{\boxed{4}}{\boxed{5}}$$
である．

$n = 1600$ は十分に大きいので，q に対する信頼度 95% の信頼区間は
$$R - 1.96\sqrt{\frac{R(1-R)}{n}} \leqq q \leqq R + 1.96\sqrt{\frac{R(1-R)}{n}} \quad \cdots (*)$$
である．（$\boxed{②}$, $\boxed{⓪}$）

$(*)$ において $R = \dfrac{4}{5}$，$n = 1600$ とすると
$$\frac{4}{5} - 1.96\sqrt{\frac{\frac{4}{5} \cdot \frac{1}{5}}{1600}} \leqq q \leqq \frac{4}{5} + 1.96\sqrt{\frac{\frac{4}{5} \cdot \frac{1}{5}}{1600}}$$
すなわち
$$0.7804 \leqq q \leqq 0.8196$$
となるから
$$0.\boxed{78} \leqq q \leqq 0.\boxed{82}$$
である．

← $V(X) = 150q(1-q)$.

標準正規分布

平均 0，標準偏差 1 の正規分布 $N(0, 1)$ を標準正規分布という．

二項分布 $B(n, p)$ に従う確率変数 X に対し，$Z = \dfrac{X-np}{\sqrt{np(1-p)}}$ は，n が十分に大きいとき，近似的に標準正規分布 $N(0, 1)$ に従う．

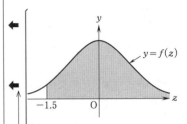

標準正規分布 $N(0, 1)$ に従う確率変数 Z の確率密度関数は
$$f(z) = \frac{1}{\sqrt{2\pi}} e^{-\frac{z^2}{2}}$$
で，曲線 $y = f(z)$ は y 軸に関して対称である．

$P(0 \leqq Z \leqq 1.5) = 0.4332$,
$P(Z \geqq 0) = 0.5$.

母比率の推定

標本の大きさ n が十分に大きいとき，標本比率を R とすると，母比率 q に対する信頼度 95% の信頼区間は
$$\left[R - 1.96\sqrt{\frac{R(1-R)}{n}},\ R + 1.96\sqrt{\frac{R(1-R)}{n}}\right]$$
である．

ここでは，1600 回の試行を大きさ 1600 の標本と見ている．

第6問 ベクトル

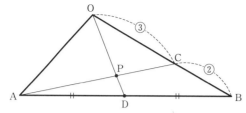

三角形 OAB に対し，辺 OB を 3:2 に内分する点が C，辺 AB の中点が D であるから

$$\overrightarrow{OC} = \frac{3}{5}\overrightarrow{OB},$$

$$\overrightarrow{OD} = \frac{1}{2}(\overrightarrow{OA} + \overrightarrow{OB})$$

である．

直線 OD と直線 AC の交点が P である．

← 線分 AB を $m:n$ に内分する点を D とすると
$$\overrightarrow{OD} = \frac{n\overrightarrow{OA} + m\overrightarrow{OB}}{m+n}.$$
特に，点 D が線分 AB の中点ならば
$$\overrightarrow{OD} = \frac{\overrightarrow{OA} + \overrightarrow{OB}}{2}.$$

(1) 実数 s を用いて $\overrightarrow{OP} = s\overrightarrow{OD}$ とすると

$$\overrightarrow{OP} = s\left\{\frac{1}{2}(\overrightarrow{OA} + \overrightarrow{OB})\right\}$$

すなわち

$$\overrightarrow{OP} = \frac{1}{2}s\overrightarrow{OA} + \frac{1}{2}s\overrightarrow{OB} \quad \cdots ①$$

となる．また，実数 t を用いて $\overrightarrow{AP} = t\overrightarrow{AC}$ とすると

$$\overrightarrow{OP} - \overrightarrow{OA} = t(\overrightarrow{OC} - \overrightarrow{OA})$$

すなわち

$$\overrightarrow{OP} = (1-t)\overrightarrow{OA} + t\overrightarrow{OC}$$

となるから

$$\overrightarrow{OP} = (\boxed{1} - t)\overrightarrow{OA} + \frac{3}{5}t\overrightarrow{OB} \quad \cdots ②$$

である．

← $\overrightarrow{OC} = \frac{3}{5}\overrightarrow{OB}.$

$\overrightarrow{OA} \neq \vec{0}$，$\overrightarrow{OB} \neq \vec{0}$，$\overrightarrow{OA} \not\parallel \overrightarrow{OB}$ であるから，①，② より

$$\begin{cases} \frac{1}{2}s = 1-t \\ \frac{1}{2}s = \frac{3}{5}t \end{cases}$$

が成り立つ．

← $\vec{a} \neq \vec{0}$，$\vec{b} \neq \vec{0}$，$\vec{a} \not\parallel \vec{b}$ であるとき
$$p\vec{a} + q\vec{b} = p'\vec{a} + q'\vec{b}$$
（p, q, p', q' は実数）
が成り立つための条件は
$$\begin{cases} p = p', \\ q = q'. \end{cases}$$

これより，s, t の値を求めると

$$s = \frac{3}{4}, \quad t = \frac{5}{8}$$

である．よって，① または ② により

— 78 —

$$\overrightarrow{\text{OP}} = \cfrac{\boxed{3}}{\boxed{8}}(\overrightarrow{\text{OA}} + \overrightarrow{\text{OB}})$$

である．

(2) 点 G は三角形 OAB の重心であるから
$$\overrightarrow{\text{OG}} = \cfrac{\boxed{1}}{\boxed{3}}(\overrightarrow{\text{OA}} + \overrightarrow{\text{OB}})$$

であり

$$\begin{aligned}\overrightarrow{\text{GP}} &= \overrightarrow{\text{OP}} - \overrightarrow{\text{OG}} \\ &= \tfrac{3}{8}(\overrightarrow{\text{OA}} + \overrightarrow{\text{OB}}) - \tfrac{1}{3}(\overrightarrow{\text{OA}} + \overrightarrow{\text{OB}}) \\ &= \tfrac{1}{24}(\overrightarrow{\text{OA}} + \overrightarrow{\text{OB}}) \\ &= \tfrac{1}{24}(2\overrightarrow{\text{OD}}) \\ &= \cfrac{\boxed{1}}{\boxed{12}}\overrightarrow{\text{OD}} \end{aligned} \quad \cdots ③$$

← 点 G が三角形 OAB の重心であるから
$$\overrightarrow{\text{OG}} = \tfrac{1}{3}(\overrightarrow{\text{OO}} + \overrightarrow{\text{OA}} + \overrightarrow{\text{OB}}).$$

← $\overrightarrow{\text{OD}} = \tfrac{1}{2}(\overrightarrow{\text{OA}} + \overrightarrow{\text{OB}})$ より
$$\overrightarrow{\text{OA}} + \overrightarrow{\text{OB}} = 2\overrightarrow{\text{OD}}.$$

← G, P は直線 OD 上の点である．

である．

$$\begin{aligned}|\overrightarrow{\text{AB}}|^2 &= |\overrightarrow{\text{OB}} - \overrightarrow{\text{OA}}|^2 \\ &= (\overrightarrow{\text{OB}} - \overrightarrow{\text{OA}}) \cdot (\overrightarrow{\text{OB}} - \overrightarrow{\text{OA}}) \\ &= |\overrightarrow{\text{OA}}|^2 - \boxed{2}\,\overrightarrow{\text{OA}} \cdot \overrightarrow{\text{OB}} + |\overrightarrow{\text{OB}}|^2 \end{aligned}$$

であり，$|\overrightarrow{\text{OA}}| = 2$，$|\overrightarrow{\text{OB}}| = 3$，$|\overrightarrow{\text{AB}}| = \sqrt{17}$ より
$$17 = 4 - 2\overrightarrow{\text{OA}} \cdot \overrightarrow{\text{OB}} + 9$$

が成り立つ．よって
$$\overrightarrow{\text{OA}} \cdot \overrightarrow{\text{OB}} = \boxed{-2}$$

← ┌ 内積 ─────────
$\vec{0}$ でない二つのベクトル $\vec{a}$ と $\vec{b}$ のなす角を θ ($0° \leqq \theta \leqq 180°$) とすると，$\vec{a}$ と $\vec{b}$ の内積 $\vec{a} \cdot \vec{b}$ は
$$\vec{a} \cdot \vec{b} = |\vec{a}||\vec{b}|\cos\theta.$$
特に，
$$\vec{a} \cdot \vec{a} = |\vec{a}|^2.$$

である．

ここで
$$\cos \angle \text{AOB} = \cfrac{\overrightarrow{\text{OA}} \cdot \overrightarrow{\text{OB}}}{|\overrightarrow{\text{OA}}||\overrightarrow{\text{OB}}|} = \cfrac{-2}{2 \times 3} = -\cfrac{1}{3}$$

であるから
$$\begin{aligned}\sin \angle \text{AOB} &= \sqrt{1 - \cos^2 \angle \text{AOB}} \\ &= \sqrt{1 - \left(-\tfrac{1}{3}\right)^2} \\ &= \tfrac{2\sqrt{2}}{3} \end{aligned}$$

← $0° < \angle \text{AOB} < 180°$ より
$$\sin \angle \text{AOB} > 0.$$

となる．

したがって，三角形 OAB の面積は
$$\begin{aligned}\triangle \text{OAB} &= \tfrac{1}{2}|\overrightarrow{\text{OA}}||\overrightarrow{\text{OB}}|\sin \angle \text{AOB} \\ &= \tfrac{1}{2} \times 2 \times 3 \times \tfrac{2\sqrt{2}}{3}\end{aligned}$$

← ┌ 三角形の面積公式
$$S = \tfrac{1}{2}ab\sin\theta$$
を用いた．

$$= \boxed{2}\sqrt{\boxed{2}}$$

である．

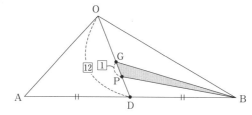

したがって，三角形 BGP の面積は

$$\triangle BGP = \frac{1}{12}\triangle OBD$$

$$= \frac{1}{12} \times \frac{1}{2}\triangle OAB$$

$$= \frac{1}{24}\triangle OAB$$

$$= \frac{1}{24} \times 2\sqrt{2}$$

$$= \frac{\sqrt{\boxed{2}}}{\boxed{12}}$$

である．

（注）三角形 OAB の面積は次のように求めてもよい．

$$\triangle OAB = \frac{1}{2}\sqrt{|\overrightarrow{OA}|^2|\overrightarrow{OB}|^2 - (\overrightarrow{OA}\cdot\overrightarrow{OB})^2}$$

$$= \frac{1}{2}\sqrt{2^2 \times 3^2 - (-2)^2}$$

$$= 2\sqrt{2}.$$

← ③ より
$$GP : OD = 1 : 12.$$

← AD : DB = 1 : 1 より
$$\triangle OAD = \triangle OBD.$$

← $\triangle OAB = 2\sqrt{2}$.

第7問　図形と方程式

C は点 A(2, 0) を中心とする半径 1 の円であるから，C の方程式は
$$(x-\boxed{2})^2 + y^2 = \boxed{1}$$
である．

円の方程式

中心 (a, b)，半径 r の円の方程式は
$$(x-a)^2 + (y-b)^2 = r^2.$$

---

(1) 点 P と点 Q の x 座標は，x の 2 次方程式
$$(x-2)^2 + (mx)^2 = 1$$
すなわち
$$(m^2 + \boxed{1})x^2 - \boxed{4}x + \boxed{3} = 0 \quad \cdots (\ast)$$
の実数解である．

$\begin{cases} C : (x-2)^2 + y^2 = 1, \\ \ell : y = mx \end{cases}$
から y を消去した．

2 次方程式 $(\ast)$ の判別式を D とすると
$$\frac{D}{4} = (-2)^2 - (m^2+1)\cdot 3$$
$$= \boxed{1} - \boxed{3}m^2$$
である．円 C と直線 ℓ が異なる 2 点で交わる条件は，$(\ast)$ が異なる二つの実数解をもつこと，すなわち $D > 0$ である．これを満たすような m の値の範囲は
$$1 - 3m^2 > 0$$
より
$$-\frac{\sqrt{\boxed{3}}}{\boxed{3}} < m < \frac{\sqrt{3}}{3} \quad \cdots (\ast\ast)$$
である．以下，(1) では m は $(\ast\ast)$ を満たすものとする．

方程式 $(\ast)$ の解は，解の公式により
$$x = \frac{\boxed{2} \pm \sqrt{1-3m^2}}{m^2+1}$$
である．$\alpha = \dfrac{2-\sqrt{1-3m^2}}{m^2+1}$, $\beta = \dfrac{2+\sqrt{1-3m^2}}{m^2+1}$ とするとき
P$(\alpha, m\alpha)$, Q$(\beta, m\beta)$ としてよいから，
$$PQ = \sqrt{(\beta-\alpha)^2 + (m\beta-m\alpha)^2}$$
$$= \sqrt{(m^2+1)(\beta-\alpha)^2}$$
$$= \sqrt{m^2 + \boxed{1}}\,(\beta-\alpha).$$
これより PQ $= \sqrt{2}$ となるような m の値を求めることができる．

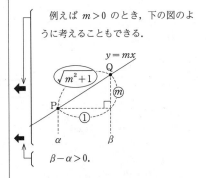

例えば $m > 0$ のとき，下の図のように考えることもできる．

$\beta - \alpha > 0$.

(2) 点 A(2, 0) と直線 $\ell: mx-y=0$ の距離を d とすると

$$d = \frac{|m \cdot 2 - 0|}{\sqrt{m^2 + (-1)^2}} = \frac{|\boxed{2}\,m|}{\sqrt{m^{\boxed{2}} + \boxed{1}}}$$

である．三角形 APQ が AP＝AQ＝1 の二等辺三角形であることに注意する．線分 PQ の中点を H とすると，三角形 APH は $\angle\text{AHP}=90°$ の直角三角形であるから，$\text{PQ}=\sqrt{2}$ のとき

$$d = \sqrt{\text{AP}^2 - \text{PH}^2} = \sqrt{1^2 - \left(\frac{\sqrt{2}}{2}\right)^2} = \frac{\sqrt{\boxed{2}}}{\boxed{2}}$$

となる．これより m の値を求めることができる．

― 点と直線の距離 ―

$$d = \frac{|ax_1 + by_1 + c|}{\sqrt{a^2 + b^2}}.$$

← このとき $d<1$ であるから，円 C と直線 ℓ は異なる 2 点で交わる．

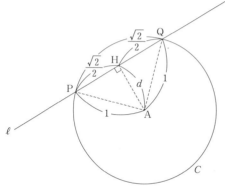

【(1)の方法で考えた場合】

$\beta - \alpha = \dfrac{2\sqrt{1-3m^2}}{m^2+1}$ より

$$\text{PQ} = \sqrt{m^2+1} \cdot \left(\frac{2\sqrt{1-3m^2}}{m^2+1}\right) = \frac{2\sqrt{1-3m^2}}{\sqrt{m^2+1}}$$

である．$\text{PQ}=\sqrt{2}$ であるから

$$\frac{2\sqrt{1-3m^2}}{\sqrt{m^2+1}} = \sqrt{2} \quad \text{すなわち} \quad 4(1-3m^2) = 2(m^2+1).$$

したがって，$7m^2=1$ より

$$m = \pm\sqrt{\frac{\boxed{7}}{\boxed{7}}}.$$

← $-\dfrac{\sqrt{3}}{3} < m < \dfrac{\sqrt{3}}{3}$ を満たしている．

【(2)の方法で考えた場合】

$(d=)\dfrac{|2m|}{\sqrt{m^2+1}} = \dfrac{\sqrt{2}}{2}$ より

$$|4m| = \sqrt{2(m^2+1)} \quad \text{すなわち} \quad 16m^2 = 2(m^2+1).$$

したがって，$7m^2=1$ より

$$m = \pm\frac{\sqrt{7}}{7}.$$

MEMO

MEMO

MEMO

MEMO

MEMO

MEMO

MEMO

MEMO

MEMO

MEMO

MEMO

MEMO

MEMO

MEMO